国家地理
动物百科全书

ANIMAL
ENCYCLOPEDIA

爬行动物

蛇·龟

西班牙 Sol90 出版公司◎著

董青青◎译

山西出版传媒集团 山西人民出版社

目录
CATALOGUE
ANIMAL ENCYCLOPEDIA

蛇的本领

以身体为武器

对蛇来说，四肢的缺乏并不会影响其正常活动。它们是令人恐惧的捕食者，能够捕获体形各异的猎物。这条加拉帕戈斯蛇正在不断缠绕收缩，准备吞食加拉帕戈斯熔岩蜥蜴（*Tropidurus albemarlensis*）。

从隐蔽到进攻

隐蔽并不仅仅用于自我保护，还可以用于捕食。侏膨蝰（*Bitis peringueyi*）藏身于纳米比亚沙漠，将尾尖暴露以引诱猎物，耐心等待一段时间后，蜥蜴和壁虎便会落入它的陷阱中。

求偶仪式

    冬眠结束后是蛇的交配期。雄性红胁束带蛇（*Thamnophis sirtalis parietalis*）离开巢穴，等待雌性，之后聚成一群开始求偶仪式。雌性将决定自己的交配对象。

概 况

　　3亿年前，经过生物进化，爬行动物和两栖动物分离，并最终征服陆地。目前，有9000多种爬行动物，分布在从海洋到沙漠的各种环境中。据估算，其中1/5的物种正面临着灭绝的危险。

什么是爬行动物

爬行动物皮肤干燥，背部覆有鳞片。不能自身调节体温，体温随接收的太阳热量的变化而变化。通过肺呼吸。除龟类之外，其他爬行动物都有牙齿。体内受精。大部分为卵生，与两栖动物相比，其卵的结构更为特别，由羊膜包裹，可避免变干。这一进化使它们的繁殖过程摆脱了对水域环境的依赖。

门：	脊索动物门
纲：	爬行纲
目：	4
科：	60
种：	约9000

共同特征

爬行动物是最早脱离水域环境在陆地上生活繁衍的脊椎动物。这同其皮肤上的防水鳞片和带有羊膜的卵有着密不可分的关系。这种卵同外界环境隔离，外表有柔韧或坚硬的保护壳，使其免遭脱水的危险，同时又可保证呼吸的空气和水通过。因这一进化成果，爬行动物成功脱离了水域限制。卵具有一系列的细胞膜：羊膜，防止胚胎脱水；尿囊，充当呼吸表面；绒膜，调节气体的通过量。所有这一整体都包裹在外壳内。

爬行动物皮肤干燥，表面覆盖一层防止水分蒸发的鳞片且能定期更换。通过蜕皮，周期性更换表皮，在这一过程中，动物本身也会不断成长。甚至在孵化之前，它们就会蜕皮。

爬行动物为变温动物，意味着它们体内不能产生热量，需要通过外部因素的调节来保证体温处于正常范围之内。所以经常会看到它们伸展身躯在太阳底下待一整天。进食之后，它们将腹部贴在温热的石头上以促进消化。当体温偏高时，它们会在巢穴内、石头下或茂密的树丛下来降温。

和哺乳动物及其他恒温动物不同，爬行动物不需要每天从食物中获取化学能量来维持生命活动。这是很多爬行动物的重要特性，如蛇和鳄鱼，并不需要每天都进食。但这样存在一个劣势，它们不能在极冷的气候条件下生存。另外，因白天、黑夜或季节的变化，它们不得不调整自己的新陈代谢功能以及其他活动（如运动、消化、成长和排泄）。很多爬行动物在天气冷时会进行长达几个月的冬眠。

栖息地与分布

除极冷环境外，它们能够在其他所有环境中生存。因此，除了南极洲外，

能量调节策略
与所有的爬行动物相同，普通鬣蜥也为变温动物，它们利用太阳和石头来保持适宜的体温。

其他大洲都有爬行动物分布。热带地区的爬行动物种类最为丰富，据统计，在10平方千米的丛林中可以发现100种不同的爬行动物，相当于欧洲大陆所有已确定爬行动物种类的一半。沙漠中的爬行动物种类较少，但是，尽管如此，我们还是能发现很多爬行动物。如在美国和墨西哥的干旱地区，据估算，每平方千米生活着4000只沙漠夜蜥蜴（*Xantusia vigilis*）。

很多爬行动物都具有适应各种气候的卓越能力。棱皮龟（*Dermochelys coriacea*）是最耐冷的爬行动物之一。在10摄氏度的极地水域也能发现它们的踪迹：体温可以高出所在水域18摄氏度。角蝰（*Cerastes cerastes*）是一种带有剧毒的蛇类，生活在世界上最干旱贫瘠的沙漠，如平均年降水量几毫米的撒哈拉沙漠，夜晚时经常在沙子中游窜寻找猎物。阿空加瓜蜥蜴生活在海拔2500米的安第斯山脉地区，有时甚至能在海拔3300米的阿空加瓜山上找到它们的踪迹。

繁衍

同哺乳动物和鸟类一样，所有的爬行动物都是通过体内受精繁衍后代的。大部分为卵生。一般在地洞、腐朽的树干、蚁穴等较为安全和隐蔽的地方产卵。

有些爬行动物幼体由父母养育，如鳄鱼：父母建好巢穴，雌性鳄鱼产下卵，并孵化很长一段时间。很多蟒蛇和眼镜蛇会一直孵化自己的卵，它们通过肌肉收缩产生热量孵卵。但是也有些爬行动物是卵胎生的，它们的卵在母体内发育，但和母体无直接联系。

刚出生的幼体身上包裹着一层破了的薄膜，甚至还有胎生爬行动物整个胚胎发育过程都是在母体内，和哺乳动物类似，通过脐带进行营养供给。

饮食

大部分爬行动物以活着的猎物为食，从白蚁到水牛都是它们的美食。蜥蜴一般主要以昆虫为食，也有草食性蜥蜴，如绿鬣蜥主要以树叶和果实为食。

蛇偏爱昆虫、软体动物和脊椎动物，如鸟类、老鼠、鱼、两栖动物以及其他爬行动物。当猎物的体形比其嘴的直径大时，它们会将颌骨脱位，张大嘴巴和消化道，将猎物全部吞咽。非洲食卵蛇专以卵为食，尤其喜欢鸟卵。

鳄鱼喜欢吞食鱼、软体动物、鸟类和哺乳动物。

大部分陆龟为草食动物，但是水龟，不论海水还是淡水，一般都是肉食动物，它们的食物包括螃蟹、虾、蜗牛、鱼和海蜇（在海洋中）以及其他无脊椎动物，有些种类还会吃水藻。

保护壳
爬行动物皮肤上覆有鳞片，起到防脱水的作用。

生物进化

同所有的生物一样，爬行动物也有自己的特别之处，能够在不同的巢穴中生活，提高了它们在不同环境中生存的可能性。其中很多特征都与运动息息相关。

蛇怪蜥蜴能够在水上行走。它们的后肢上有皮裂片，相当于脚蹼，增加了在水上的支撑面积。遇到危险时，脚蹼会打开，逃离速度可达8.4千米/时。

阔趾虎的手指和脚趾由一层膜连接起来，使得它们能够在沙漠里轻松地快跑而不陷入其中，同样也能轻而易举地在沙子里挖洞。

当飞蜥想要从一棵树到另一棵树时，它们就会张开自己彩色的"翅膀"；实际上是它们长长的肋部皮肤上的褶皱，使得它们可以利用上升气流，滑翔20~30米。长长的尾巴能够帮助它们把握飞行的方向。

恒河鳄（*Gavialis gangeticus*）生活在印度北部和缅甸的沼泽地，嘴又长又细，此特征有利于其专以鱼为食。

解剖结构

爬行动物身体结构和内部器官构造的很多特点都反映了它们对环境的适应。其中一个特点使它们摆脱了对水域环境的依赖，即皮肤坚硬且覆有鳞片，能够防止水分流失。同样，它们的肾脏也有利于保持水分，因为其尿液很少。它们新陈代谢缓慢，不咀嚼直接吞食猎物。

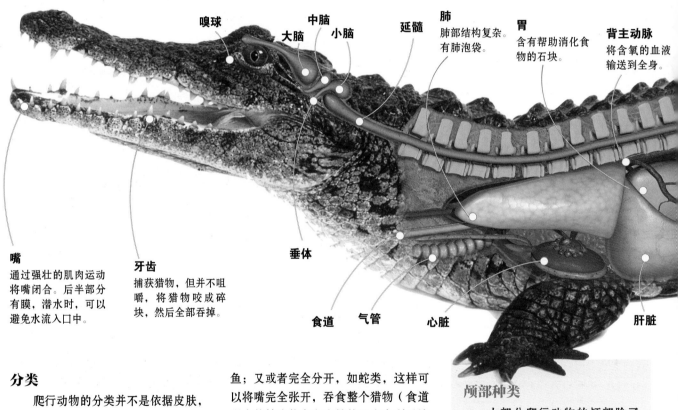

嗅球

大脑　中脑　小脑

延髓

肺
肺部结构复杂。有肺泡袋。

胃
含有帮助消化食物的石块。

背主动脉
将含氧的血液输送到全身。

嘴
通过强壮的肌肉运动将嘴闭合。后半部分有膜，潜水时，可以避免水流入口中。

牙齿
捕获猎物，但并不咀嚼，将猎物咬成碎块，然后全部吞掉。

垂体

食道　气管　心脏　肝脏

分类

爬行动物的分类并不是依据皮肤，而是看脑部的颞骨（眼窝后部）是否有颞颥孔。大部分爬行动物，除了龟类，都属双孔亚纲，即有两个颞颥孔。颅部和第一节颈椎通过枕骨髁或支撑点连接，使它们头部转动半径非常大。

牙齿

爬行动物的牙齿主要用来捕获猎物，而不是咀嚼。颌骨的两个分支因其种类不同而有所变化，这会影响它们进食的方式。可以像龟类一样连接起来；也可以通过一个简单的骨缝联结，如鳄

鱼；又或者完全分开，如蛇类，这样可以将嘴完全张开，吞食整个猎物（食道强大的扩张能力和胸骨的缺失有利于这一吞食过程顺利进行）。

骨骼和四肢

构成爬行动物脊柱的椎骨数量是不同的，龟类大概有30条，而蟒蛇有400条。它们同样也有肋骨，龟类的肋骨同其外壳合并，为了能够承受内脏的重量，鳄鱼的肋骨一直延伸到腹部。

有四肢的爬行动物，其中一些有5趾，其余的都是4趾；某些蜥蜴，如慢缺肢蜥和所有的蛇类都没有四肢。

颅部种类

大部分爬行动物的颅部除了骨腭外，都是连接起来的。其区别在于颞骨是否有颞颥孔。

无孔亚纲
同鱼类、两栖动物和早期爬行动物一样，无颞颥孔。

眼窝

双孔亚纲
每个眼窝后面有两个颞颥孔，每个颞窝下面有一个骨块。

消化器官

爬行动物有完整的消化系统，经由嘴、咽、食管、胃和长长的肠道，通向泄殖腔（消化器官的末端，具有排泄和生殖功能）。蜥蜴和蛇的泄殖腔是一个横向的管道，而乌龟和鳄鱼为纵向泄殖腔。有附腺，如肝脏和胰腺。蛇类的肝脏是它们最大的内部器官，位于心脏和胃之间，可以伸长以储存食物。消化后，所有的器官恢复原状。无唾液腺，通过消化酶进行机械和化学消化，新陈代谢缓慢。

爬行动物的消化过程比哺乳动物慢很多，需要消耗很多能量。从某种意义来讲，与其说是它们的缺点，倒不如说是生物进化的优势：鳄鱼和蟒蛇并不是每天都进食，只需缓慢消化一顿大餐，就可以生存几个月。食管和胃很容易膨胀，使它们能够毫无困难地吞食大型猎物。

吞食猎物时，并不咀嚼，经常通过其生命石——胃石消化猎物，这些胃石能够帮助它们在体内磨碎食物。

循环系统

双循环系统：一个小环形通道将含有碳氮的血液输送到肺部，然后大的环形通道将含氧的血液输送到身体的各个部分。

心脏
血液流动的压力阻止了肺部血液同整个血液循环系统血液的混合。

哺乳动物	**爬行动物**	**两栖动物**
4 个腔	3 个腔	3 个腔

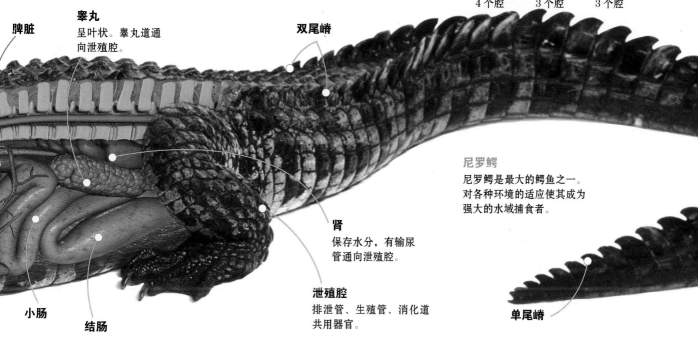

脾脏

睾丸
呈叶状。睾丸道通向泄殖腔。

双尾嵴

尼罗鳄
尼罗鳄是最大的鳄鱼之一。对各种环境的适应使其成为强大的水域捕食者。

肾
保存水分，有输尿管通向泄殖腔。

泄殖腔
排泄管、生殖管、消化道共用器官。

单尾嵴

小肠

结肠

呼吸器官

完全用肺呼吸。除了蛇只有一个肺外，大部分爬行动物都有两个肺。体壁上的肌肉可以产生不同的压力，使气流通过呼吸道（从鼻孔到肺叶）流通。

气流通过肌肉运动进出肺部。龟类可以无氧游几小时，甚至可以通过自己的泄殖腔呼吸。

与两栖动物不同，爬行动物不能通过皮肤呼吸。

如何呼吸
胸膜扩张使得胸腔膨胀，从而将空气吸入肺部。

1 呼气
内部器官收缩，压缩肺部，使空气排出。

2 吸气
骨盆转到下方，压缩腹部和腹肌，引起肺部膨胀。

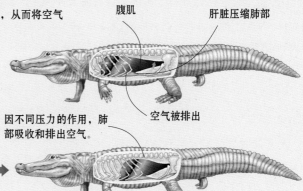

腹肌

肝脏压缩肺部

空气被排出

因不同压力的作用，肺部吸收和排出空气。

保护

爬行动物皮肤表面没有羽毛，而是由鳞片裹覆，这些鳞片由一层厚角质素（由一种纤薄物质构成）组成，一般情况下，鳞片层层覆盖。有时会根据鳞片的数目和组合方式划分爬行动物。

皮肤

爬行动物的皮肤不可渗透，能够防止水分流失，使它们能够适应陆地生活。皮肤由表皮和内部真皮构成。真皮层有色素细胞，使其皮肤带有色彩。外部表皮由一种名为角质素的角质物质构成，鳞片层便源自这种物质。有些爬行动物会周期性地换皮。换皮频率取决于它们的年龄（年龄越小，周期越短）和周围的环境。

鳞片的发育

蜥蜴和蛇的皮肤上出现突起时，便开始发育鳞片。鳄鱼和龟类的表皮变硬时，开始发育鳞片。

表皮

真皮

① 皮肤由表皮和真皮构成。

② 各个真皮细胞发育情况不同。

③ 表皮会分泌丰富的角质素，然后逐渐变硬。

④ 真皮层变薄，皮肤上出现新的紧密相连的鳞片。

爬行动物

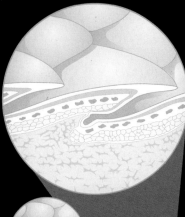

表皮层生有鳞片，这些鳞片构成了一个紧密相连的表膜，不可拔除。

鱼类

鳞片是真皮层出现的骨质结构。

100

蟒蛇一生可蜕100次皮。

换皮

随着它们的不断成长，会出现换皮现象。

各式鳞片

种类不同，鳞片的样子也不同：螺纹状，无花纹，龙骨状。

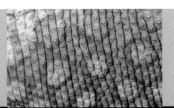

保护

一些爬行动物美丽的皮肤使其陷于危险——经常会被猎人追踪。

换皮

新的表皮会替换之前的表皮。蛇的换皮现象非常明显，龟类和蜥蜴则逐渐地一步步换皮

爬行动物的皮肤

龟壳上为已换的鳞片，覆有新的角质素层。

乌龟

很多种类的鳞片下有名为皮骨的骨质层。

鳄鱼

它们一生都长有鳞片，这些鳞片会随着它们的成长而逐渐长大。

蜥蜴

成长

有时鳞片和表皮会因一些特定的功能而发生变化。

结节
尾巴上会出现结节和保护刺。

嵴
脖子、腰和尾巴上的嵴可用来判断其性别。

旧皮
蛇蜕皮时，会脱下一整条完整的旧皮。

开始
从头部开始蜕皮，然后是身体的其他部分。

尾巴
响尾蛇的角质环是由尾巴上的鳞片构成的。

伪装

有些爬行动物的色素细胞与中枢神经系统相连，使它们能够对光、温度和不同的视觉冲击做出相应的反应。

变色龙的皮肤

变色

支撑
壁虎脚趾垫上的鳞片变化使它们更具黏附力。

起源和分类

爬行纲目前有 4 个目，可以分为两个亚纲或谱系，它们的区别在于颅骨上部是否具有颞颥孔：无孔亚纲以今天的龟类为代表，双孔亚纲包括鳞龙次亚纲（蜥蜴、蛇、蚓蜥和喙头蜥）和初龙次亚纲（鳄鱼）。几百万年来，这些爬行动物逐渐演化出具有抵抗力的鳞片皮肤、强壮的四肢、强大的肺活量，并进行体内受精。

起源

地球上最早的爬行动物出现在 3 亿多年前的古生代石炭纪，是从一些两栖动物中进化而来的。已知最早的爬行动物为林蜥，和现在的蜥蜴相似，包括尾巴身长约 20 厘米，但和现代蜥蜴不同的是它们属于无孔亚纲，即头骨无颞颥孔。然后，在距今 2.5 亿年到 6500 万年间的中生代，爬行动物的种类才越来越丰富，在地球上分布广泛。在这个"爬行动物统治时期"，有 23 个目的物种，包括著名的恐龙（"恐怖的蜥蜴"），1871 年其发现者——著名的英国解剖学家理查德·欧文将它命名为恐龙。

进化

在进化过程中，它们曾生活在不同的环境中。翼手龙是最早的会飞的脊椎动物，鱼龙和之后的蛇颈龙能够在水中活动。

恐龙，包括初龙，出现在大约 2.3 亿年前的三叠纪。阿根廷龙和南方巨兽龙是生物史上最大的陆地动物。在 2 亿年前的侏罗纪时期，恐龙的种类众多，同时也出现了其他的生命形式，如早期的蜥蜴。

陨石坠落极可能是引起大型爬行动物灭绝的原因。只有现存的 4 个目在大灭绝中幸存下来，构成了爬行纲：龟鳖目（包括海龟、淡水龟和陆龟，身上覆有甲壳，包括背部甲壳和腹甲），有鳞目（现存的爬行动物中最大的群体，有 9000 多个物种，包括蜥蜴、蛇和蚓蜥），鳄目（有 24 个物种，包括鳄鱼、宽吻鳄和恒河鳄），喙头目（只包含 2 种分布于新西兰的楔齿蜥，外表类似于蜥蜴）。

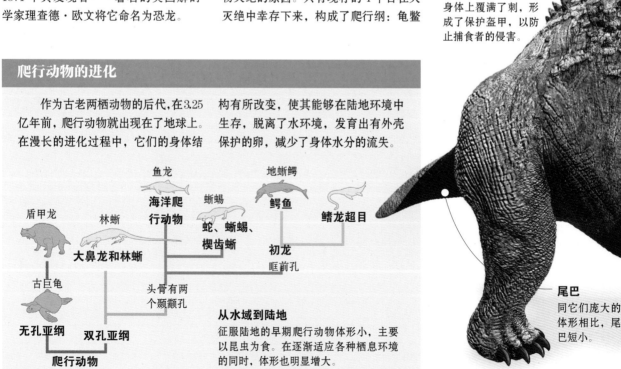

覆有甲壳
身体上覆满了刺，形成了保护盔甲，以防止捕食者的侵害。

尾巴
同它们庞大的体形相比，尾巴短小。

爬行动物的进化

作为古老两栖动物的后代，在 3.25 亿年前，爬行动物就出现在了地球上。在漫长的进化过程中，它们的身体结构有所改变，使其能够在陆地环境中生存，脱离了水环境，发育出有外壳保护的卵，减少了身体水分的流失。

盾甲龙　林蜥　鱼龙　蜥蜴　地蜥鳄

海洋爬行动物

蛇、蜥蜴、楔齿蜥

鳄鱼

鳍龙超目

大鼻龙和林蜥

古巨龟

头骨有两个颞颥孔

初龙
眶前孔

无孔亚纲　　**双孔亚纲**

爬行动物

从水域到陆地

征服陆地的早期爬行动物体形小，主要以昆虫为食。在逐渐适应各种栖息环境的同时，体形也明显增大。

古老的物种

除了恐龙外，还有很多大型爬行动物如今已经灭绝。它们中的很多物种体形都非常庞大，这是过去生活在地球上的爬行动物的一个典型特征。

大海龟
古巨龟是一种巨大的海洋爬行动物，长4.6米。生活在7500万年前的北美洲。

海生鳄
地蜥鳄是海生鳄的一种，它是非常危险的捕食者。长3米，生活在侏罗纪末期的如今智利所在地。

牙齿
牙齿小且分布不规律，能够咬断很多东西。

盾甲爬行动物
盾甲龙为草食动物，生活在3亿年前的如今俄罗斯所在地。它们的四肢粗壮，在松树或杉树林中沉重地移动。

前肢
四肢同它们的身体相适应。行动缓慢。

分类

无孔亚纲

龟

目：龟鳖目		科：13		种：317

曲颈龟

亚目：曲颈龟亚目		科：10		种：238

侧颈龟

亚目：侧颈龟亚目		科：3		种：71

鳞龙次亚纲

蜥蜴、蛇、蚓蜥

目：有鳞目		科：51		种：9073

蜥蜴

亚目：蜥蜴亚目		科：20		种：5461

鬣蜥、变色龙、变色蜥等

下目：鬣蜥下目		科：3		种：1067

壁虎科

下目：壁虎下目		科：7		种：1381

石龙子等

下目：石龙子下目		科：7		种：2258

蛇蜥、鳄蜥等

下目：复舌下目		科：3		种：126

盲蜥

下目：盲蜥下目		科：1		种：22

巨蜥、希拉毒蜥

下目：巨蜥下目		科：3		种：76

蛇

亚目：蛇亚目		科：21		种：3422

游蛇和其他水蛇类

超科：瘰鳞蛇超科		科：3		种：1067

管蛇和盾尾蛇

超科：盾尾蛇超科		科：3		种：62

蟒蛇及相近的科

超科：蟒超科		科：3		种：29

蚺蛇

超科：蚺超科		科：1		种：51

蝰蛇、银环蛇、响尾蛇等

超科：蝰蛇超科		科：7		种：2736

盲蛇

超科：盲蛇超科		科：3		种：513

侏儒蚺蛇及其他一些未归入任何超科的蛇类

		科：3		种：28

蚓蜥

亚目：蚓蜥亚目		科：6		种：181

楔齿蜥

目：喙头目		科：1		种：2

初龙次亚纲

鳄鱼、宽吻鳄和恒河鳄

目：鳄目		科：1		种：24

数据来源：爬行动物数据库

繁衍后代

对陆地环境的适应对于爬行动物来讲，是一个巨大的进步，它们的卵能够避免脱水，可以为胚胎提供足够的营养。大部分爬行动物都为受精繁衍，一小部分蜥蜴和蛇可以单性繁殖，即无性繁殖。

物种的延续

同两栖动物相似，爬行动物可不经历幼虫阶段，直接发育；采取体内受精。这两个特点是它们为适应陆地生活而进化的有力证明。此外，大部分种类都为卵生。有些科或种为胎生或卵胎生，但并不常见，如蚺蛇。这两种繁衍方式与缺水或低温的生存条件有关。

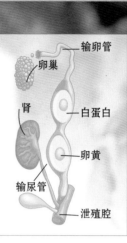

雌性生殖器
由一对卵巢和输卵管构成，输卵管外表由卵巢系膜包裹，一种带有细褶皱的腹膜起到支撑和保护输卵管的作用。卵经泄殖腔排出。

输卵管
卵巢
肾
白蛋白
卵黄
输尿管
泄殖腔

卵生

大部分爬行动物通过带有羊膜的卵繁衍后代。这种叫作羊膜的细胞膜可以保护胚胎，里面含有羊膜液，模拟水域环境，类似于胎生，比如哺乳动物的繁衍。

50 个幼体
森蚺可以通过卵胎生的形式繁殖50个幼体。

豹纹陆龟的孕育

1 发育成长
胚胎在卵内发育，孵化期的长短取决于其种类和巢穴内的温度。一般持续6~12 天。

2 破壳而出
为了能够顺利出生，它们有击破外壳的"卵齿"。蛇一般需要2~3 天就可以出生，而蜥蜴和龟类则需要8~15 天。

外壳
这一外层可以避免干燥，保护胚胎。

胚胎
胚胎的发育取决于卵黄囊的含量。

卵黄囊
内部含有卵黄和一些营养物质。

尿囊
具有呼吸和排泄作用。

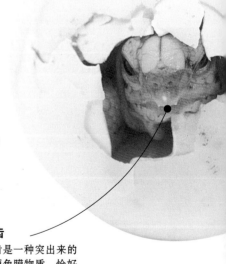

卵齿
卵齿是一种突出来的坚硬角膜物质，恰好可以用来击破卵壳。

威胁
幼体经常容易被捕食者捕获。

征服
卵生动物的习性是其对环境的关键性适应，使它们可以在陆地上定居生活。

卵胎生爬行动物
卵在雌性身体内部孵化，一直到幼体破壳而出。幼体在羊膜卵内发育成熟后出生。母亲并不负责为这些幼体提供食物。

4　离巢
幼体一般不需要父母帮助就可以离巢，除了某些鳄鱼，父母会用嘴移动幼体，将其放入水中。

豹纹陆龟
（*Geochelone pardalis*）

嘴
上颌有角状尖刺，可以用来撕咬猎物。

森蚺
（*Eunectes murinus*）

背
由5排坚硬的甲壳构成。

3　幼体通过这一过程出壳：包括破壳和出壳。

脚
刚出生，就用四肢爬到水中或者庇护所中。

龟壳
从脊椎和肋骨中发育出来。

15 天
乌龟的卵齿在出生15天之后便会脱落。

卵的坚固性
种类不同，卵的外壳的硬度也不同，同时也会受母体生理状况的影响，母体或多或少会为卵提供钙质。

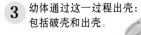

硬　　**软**

胎生爬行动物
母体通过胎盘给胚胎提供营养，然后分娩出已发育成熟的幼体。胎生蛇类的胎盘由胎外细胞膜构成，确保胚胎能够从母体获得营养物质，发育成熟后出生。

奥地利滑蛇
（*Coronella austriaca*）

行为

　　雄性科莫多巨蜥是世界上最大的蜥蜴，它们经常利用自己灵敏的嗅觉，独自在领地上巡逻觅食。与之相反，变色龙的嗅觉很差，但是它们有又大又黏的舌头和敏锐的视觉，这使它们不用移动头部就能够拥有 360 度的视野范围。和所有的生物一样，爬行动物也表现出了卓越而迷人的适应性行为。

行动

　　尽管"爬行动物"指的是爬行（即将腹部贴到地面向前移动）的意思，但是很多种类有其他的移动方式，甚至可以称得上行动敏捷的"跑步者"。如山飞蜥（*Agama stellio*）可以在 0.2 秒内从休息状态加速到 10 千米／时。

在水中

　　有些爬行动物可以潜入水中，在河流、湖泊或海洋中活动。海龟的前脚就像桨一样可以向前滑行，而后脚相当于方向舵，可以掌握方向。鳄鱼靠尾巴的支持和有规律的摆动在水中前行，速度可达到 15 千米／时。海蛇（海蛇科）尾巴较宽，样子类似于船桨，它们的肺部比较开阔，像利用氧气管潜水一样，可以在水中停留甚至 2 小时。

在树上

　　变色龙的脚趾可以绕在树枝上，将其紧紧地抓住。

在空中

　　天堂金花蛇（*Chrysopelea paradisi*）因其肋骨的扩张，可以在树枝间穿梭逃生或者捕食。伞蜥的皮肤上有大的褶皱，使它们可以滑翔几十米。

在地下

　　蚓蜥（或者盲蛇，和土壤中的蚯蚓相似）像拉手风琴一样摆动身体在地面挖洞。因为在漆黑的地下，不需要视力，它们的视觉已经退化。

致命毒液
响尾蛇，如东部菱背响尾蛇，在面对威胁时会进行攻击。它的毒液可以致人死亡。

敢于冒险的蜥蜴
加拉帕戈斯陆鬣蜥爬行1400 米，一直到火山口，然后再爬行900 米，在火山内部筑巢。

加拉帕戈斯陆鬣蜥
（*Conolophus subcristatus*）

捕食和自我保护

　　肉食性爬行动物捕食猎物的方式多种多样。一些水生龟类快速地移动自己长长的脖子捕食。很多蛇，如蟒蛇和蚺蛇，通过收缩身体使猎物窒息而亡。鳄鱼会攻击到水边饮水的大型猎物，利用上下颌咬合捕获猎物，然后在水中旋转将其撕碎。为了自我保护，乌龟会躲到自己的龟壳中，不让身体柔软的部分暴露在外。眼镜蛇会将毒液喷射到 3 米远的地方，它们的毒液能让追踪者暂时性失明。

领地意识

　　爬行动物具有领地意识，尤其是蜥蜴和鳄鱼，雄性经常会标明和守卫自己的领地，但经常会允许雌性在自己的地盘上活动。它们会通过直接战斗或发出恐吓对手的信号（更为常见）来守卫自己的领地。在恐吓信号中最为突出的是扩张喉部、直立背部的嵴或者变色。在很多种类的巨蜥中，争夺领地的雄性会后肢站起来互相推搡使对方摔倒。有时爬行动物除了保卫自己的领地外，也会向新的地域扩张自己的领地。领地的扩张同食物的丰富性成反比（当食物匮乏时，动物需要占领更大的地盘）。

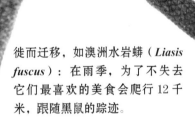

徙而迁移，如澳洲水岩蟒（*Liasis fuscus*）：在雨季，为了不失去它们最喜欢的美食会爬行 12 千米，跟随黑鼠的踪迹。

恐吓性姿态
伞蜥会展开头部周围的宽大褶皱使自己显得更加庞大，以恐吓攻击者。

迁徙

　　爬行动物会进行迁徙，一般指从觅食地到筑穴地。最具代表性的例子是海龟。比如，雌性蠵龟（*Caretta caretta*）生活在世界各地热带和亚热带的海岸边，它们会在繁殖期进行远距离迁徙，一般每 3 年进行一次大迁徙。1985 年，一只蠵龟从冲绳（日本）迁移了 1 万千米，用时 2 年 4 个月，出现在圣迭戈加利福尼亚的海岸上。其他大部分爬行动物，都只是进行短距离的迁移，几乎不超过 20 千米。一些蛇类会成群进行季节性的迁徙，从觅食地到冬眠地，如束带蛇（*Thamnophis sirtalis*），冬季来临时，会爬行 1~10 千米聚集在过冬地。相反，其他蛇类会跟随食物的季节性迁

鳄鱼的疾驰

　　至少有 6 种鳄鱼（包括尼罗鳄和澳大利亚鳄）可以像兔子一样有节奏地交替移动前后肢，向前奔驰。在 20~30 米内速度可以达到 17 千米 / 时，最高速度可达 60 千米 / 时。

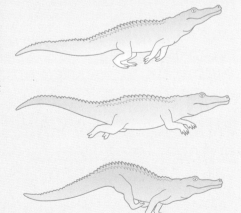

鳄鱼的方式
同兔子一样，某些鳄鱼可以移动后肢向前推动以助奔跑。

濒危爬行动物

　　蓄意或无意地捕捞使爬行动物正面临着极大的威胁：传统医学的利用、环境污染以及被当作异域宠物的非法贸易等，增加了它们灭绝的风险，正如几个世纪以来印度蟒蛇和一些鳄鱼的遭遇一样。但是，同其他动物一样，影响它们的最重要的因素是人类活动造成的栖息地消失和分裂。目前，已知有 9000 多种爬行动物，其中 2800 种被列入世界自然保护联盟濒危物种红色名录中。

龟壳也无力保护它们

　　海龟面临着灭绝的严重风险。生活在热带水域的绿蠵龟（*Chelonia mydas*），因被捕杀和在岸边筑巢时龟卵被抢，数量已经减少了 67%。

　　玳瑁（*Eretmochelys imbricata*）正处于极危状态，因其肉和龟壳材料（用于装饰）价值很高而被大量捕杀。

　　其他的很多海龟因无意中被渔网或鱼钩捕获而丧生。此外，海岸的城镇化减少了它们的筑巢地。不论是渔网捕捞还是有选择性的延绳钓，包括置于海底特定深度的 3000 只鱼钩，都会影响海龟的生存。

　　海龟逃生装置（DET）和圆形鱼钩的使用减少了钩住和捕到海龟的风险，被捕和受伤海龟的数目已经减少了 60%~90%。

毫无出路地被捕

　　一些小岛上特有的爬行动物非常容易失去栖息地。岛上物种的灭绝和环境的变化、新物种的引进和直接捕捞等因素息息相关。尽管任何地方的环境变化都可能会引起物种灭绝，但在岛上更容易造成生物多样性的丧失。有一些重要的案例：阿鲁巴岛响尾蛇正处于极危状态，目前仅剩 200 多条；辛氏蜥加今仅

有 400 只生活在加那利群岛的耶罗岛；斐济冠状鬣蜥，因截蜓的引进而面临灭绝的风险。如今，亚杜塔巴岛为斐济冠状鬣蜥自然保护区。

被攻击的蛇

　　很多大型的蚺蛇和蟒蛇的栖息地因人类活动遭到了巨大破坏。另外，它们因行动迟缓，很容易被偷猎者捕获，因害怕遭到攻击，他们将其杀死，进行蛇肉和蛇皮贸易。蛇，作为中等捕食者，在自然生态系统中起着调节作用，同时也为人工生态系统带来巨大的好处，因为它们可以使农村和城市的鼠类数量保持稳定，有利于居民生活，以及工业和农牧业的发展。

保护

　　科莫多巨蜥生活在印度尼西亚群岛，面临着人类捕猎和自然栖息地破坏的风险。目前，它们的数量已减少了一半，鉴于其对印度尼西亚旅游业的重要性，人们加强了对它们的保护和对偷猎者的追踪。

保护状况

　　自然保护组织致力于扭转鳄鱼的生存处境。比如，恢复处于极危状态的野生菲律宾鳄的数量。野生扬子鳄已几近灭绝，但是在世界各地的动物园中还有大约 1 万只。另外，据估算，古巴野生鳄鱼仅剩 4000 只；为了防止它们灭绝，人类提出了很多恢复其数量的计划。但在这些计划的保护下，一些种类因皮革的价值仍遭到了肆意捕杀，它们的栖息地同样也受到破坏。

菲律宾鳄
（*Crocodylus mindorensis*）

无意捕捞
龟类经常会被渔网无意中捕获，最后窒息而亡。

阿鲁巴岛响尾蛇
（*Crotalus unicolor*）
旅游活动和非法贸易使它们处于极危状态。

扬子鳄
（*Alligator sinensis*）
栖息地的破坏和人类居住地的发展使它们处于极危状态

西开普侏儒变色龙
（*Bradypodion pumilum*）
因其引人注目的外表而被捕获，作为稀奇宠物进行贸易，目前处于濒危状态

斐济冠状鬣蜥
（*Brachylophus vitiensis*）
家猫的引进及老鼠和獴对它们及其卵的捕食，使它们处于极危状态。

蛇皮贩卖

▶ **非法捕猎**

只是利用被合法捕捉的蟒蛇进行蛇皮贸易是可行的，但是幼蟒的皮价值更高，因此，大量的野生幼蟒被捕获。上图是展开的准备出口的蛇皮。

▼ **宝贵的蛇皮**

很多皮鞋、皮夹、皮带都是用蛇皮制成的。欧洲是蛇皮最大的进口市场。2000—2005 年，人类消费了340 万张蛇皮。其中意大利和德国为主要的消费国。

▶ **残忍的过程**

在工业化和蛇皮产品时尚的影响下，不计其数的屠宰场用各种不同的方式获取原材料。在蛇还活着的时候，就开始了剥除蛇皮的过程：成年蛇会被灌满水和空气，使它们的身体充分伸展，从而利于剥皮；幼蛇的头部被钩子钩住挂起来，以获取完整的蛇皮。在这两种情况下，它们会在2~3 天内死亡。

在越南、印度尼西亚、泰国、新西兰、斯里兰卡、印度和菲律宾，有大量的蛇被捕杀。血蟒（*Python curtus*）和网纹蟒是最受欢迎的捕杀对象。在蛇皮产品消费者中有这样的说法，剥皮后蛇并不会死，因为它们会周期性地长出新的皮肤，但这是一个错误的认知。其实，在剥除蛇皮后，蛇必然会死。一些动物保护组织提出了该贸易将给物种资源和生态系统带来的风险，比如，将会引起严重的鼠害。

龟

　　龟在 2 亿年前开始出现在地球上，甚至比恐龙出现的年代还要早，并且从一开始到现在，它们并没有很大的变化。龟是唯一带有外壳的爬行动物，四肢短小，嘴类似于鸟喙。在现存的 300 种龟中，有些完全生活在陆地上，而有些则生活在淡水环境或咸水湖及海洋中。

解剖结构

　　龟的种类很多，有近 200 种：有体长不超过 8 厘米的南非微型斑点龟，也有长达 2 米的巨型龟。所有的种类都具有一系列的解剖学和形态学特点，其中最突出的就是它们都带有龟壳。大部分龟在遇到危险时会把头和四肢隐藏到龟壳内。

骨骼

　　龟的骨骼同其他脊椎动物不同。肩胛骨位于胸腔内部，肋骨同背部连接。因为这一解剖结构，胸部不能扩展，从而影响呼吸系统。因此，很多种龟能够通过可输送血液的口腔上皮、咽部或皮肤直接吸收氧气。龟的嘴呈尖角状，颌骨非常坚硬，尤其是肉食性龟类。没有牙齿，但是有些种类具有一系列的隆突，起着与牙齿类似的作用。

四肢

　　四肢因不同的栖息环境而有所变化。淡水龟有完整或部分蹼足，有趾间膜，这一特点利于其在水中活动。海龟的四肢转化为脚蹼：前肢用来向前推动，后肢相当于舵。陆地龟的四肢很短，且隐藏得很好，多数情况下适于挖掘深的洞穴。比如，哥法地鼠龟（*Gopherus polyphemus*）可以在地下挖 10 米深的隧道。

皮肤

　　四肢和头部皮肤上覆盖着与其他爬行动物类似的鳞片。海龟和陆地龟的鳞片比淡水龟厚。这一覆皮由角质素细胞组成，不可渗透，像壁毯般分布在皮肤上，并且同其他的爬行动物一样，会周期性地换皮。但是乌龟不会像蛇一样一次性完整地换皮，而是分区域逐步换皮。

保护

　　根据把头藏入龟壳内的方式，可以将其分为两类：一种为曲颈龟，喜欢将颈部折叠，然后按照身体纵向轴将头部缩到壳内；另一种为侧颈龟，它们将头部隐藏到龟壳侧面。

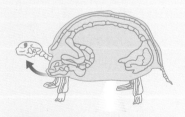

曲颈
曲颈龟亚目的龟科动物喜欢将头部缩到壳内，脖子折成直立的"S"形。加拉帕戈斯象龟就属于曲颈龟亚目。

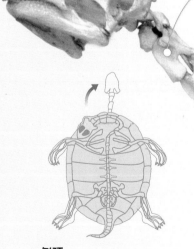

侧颈
侧颈龟亚目包括蛇颈龟和非洲侧颈龟。格兰查科水龟属于侧颈龟亚目。

脖子
所有的乌龟都有8节颈椎骨。

胸带

龟腹甲
呼吸时，吸入和呼出空气会受腹甲硬度的限制。

龟壳

用来保护身体柔软部分的龟壳分为两部分：背甲和胸甲。两者通过前后肢间的骨桥相连。龟壳可以看到的部分为鳞甲、角膜鳞片或革质皮，因不同的种类而有所变化。龟壳由内部骨质板结构同脊椎相连。淡水龟或海龟的龟壳更为扁平，且具有流体动力学特点，陆地龟的龟壳呈穹顶状。

骨质背甲
骨壳内部由相连的肋骨和脊椎构成。这一骨化结构可以保护四肢、其他骨头和内脏。它们的前肢和后肢以及头部都可以缩到这个骨质甲壳内部。

皮肤背甲
标准的龟壳表面最少由38个小块构成：8块脊椎甲，8块与脊椎甲相连的肋甲，22块边缘盾片。

射纹龟
（*Astrochelys radiata*）龟壳特别突出，颜色引人注目：黑色的底色上有一系列黄色的辐射状条纹。

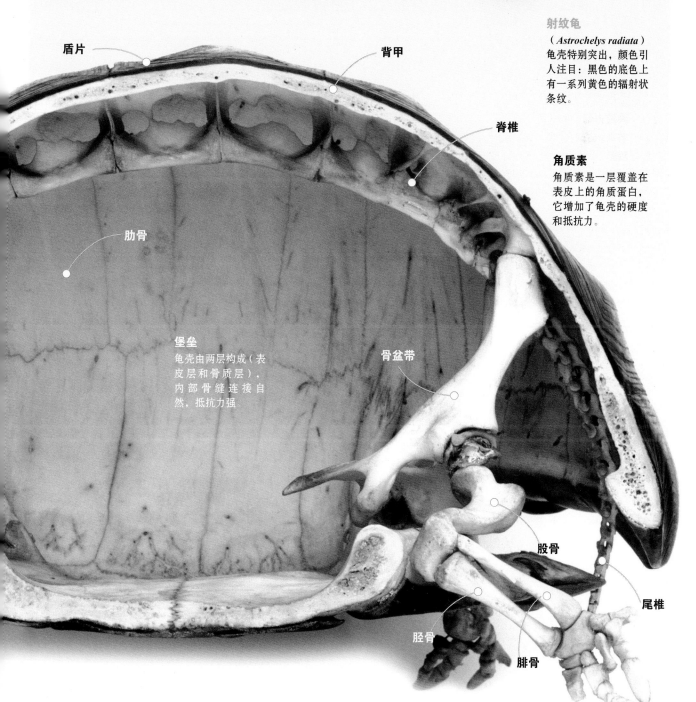

盾片

背甲

脊椎

角质素
角质素是一层覆盖在表皮上的角质蛋白，它增加了龟壳的硬度和抵抗力。

肋骨

堡垒
龟壳由两层构成（表皮层和骨质层），内部骨缝连接自然，抵抗力强

骨盆带

股骨

尾椎

胫骨

腓骨

行为

　　陆地龟爬行缓慢，但是水生龟是非常敏捷的"游泳者"。除了缩到自己的壳内之外，它们还有其他的自我保护方法，如咬和抓。有些种类会冬眠，而有些会在夏天休息。繁殖期间，它们会有守卫自己领地的行为。在沙质土壤中挖洞筑巢，产卵之后会离开巢穴。饮食多样化。海龟会进行长达数千千米的迁徙。

繁殖
龟5~7岁时性成熟。雄性通过撞击龟壳或撕咬来追求雌性。

行为特点

　　行走缓慢是陆地龟的显著特点。其实，尽管它们的腿非常短小，并且带有龟壳，但在移动时，仍然很灵活，可以跑动。生活在水中的龟一般都是出色的"游泳者"，如棱皮龟的前肢呈桨状，使它们每年可以游行几千千米。大部分水生龟的脚趾间都具有膜状物，在游动时可排开更多的水。

　　然而，泥龟并不擅长游泳，它们经常在河床和湖畔活动。为了免遭捕食者的侵袭，它们会将头部和四肢藏到龟壳内。龟的另外一种自我保护的方法是分泌尾部油脂——一种味道极其难闻的分泌物。它们的撕咬也非常有力，尽管没有牙齿，它们嘴中的角质尖角却非常锋利。它们同样也可以使用爪子。

迁徙

　　海龟为了觅食和繁殖会进行长达数千千米的迁徙。它们会根据陆地磁场和洋流中的化学物质进行迁徙。

棱皮龟
（*Dermochelys coriacea*）

一般来讲，水生龟最常用的保护策略是迅速游走，当它们在岸边时，会猛地潜入水中。一些龟在繁殖期间或者食物匮乏时，会有捍卫自己领地的行为。这一行为在雄性陆地龟间非常突出。

居住在寒冷地区的龟会进行冬眠，而生活在半干旱和热带地区的龟进行夏眠。这是一种生理学反应。在这段时间内，龟会像其他动物进行冬眠时一样，停止所有的活动，来应对危险的干旱和高温。

繁殖

和其他爬行动物相比，海龟的性成熟较晚。发情期是季节性的，通常雄性会通过撞击龟壳和撕咬来追求雌性。用后脚挖洞，并通过自己的尿液使土壤变软。巢穴呈瓶状，根据种类的不同，有些巢穴的深度可达到1米。每年产4次卵。卵一般埋在沙质土壤、海滩或林区软质土层中。不同的龟产卵的数量不同，一般为1~120枚。龟的性别不是在受精期决定的，而是在孵化期，可能是受温度的影响。一般会同时出生。有些即将成熟的幼体会在卵内继续待一段时间，直到气候条件适宜时才破壳而出。幼龟用角状齿击破卵壳，之后这些"牙齿"会很快脱落。

饮食

龟的饮食多样，根据种类和栖息环境不同可分为肉食、草食或杂食三种。

陆地龟是机会主义者，可以吃植物、水果、节肢动物甚至腐肉。有些种类在生命的初期，需要比成年龟更多的蛋白质，因此多为肉食性。幼年期过后，它们的主要食物会变为植物和水果。

淡水龟则以昆虫及其幼体、软体动物、甲壳纲动物和鱼类为食，同样也会吃小型哺乳动物和水生植物。海龟在青年和成年期基本以肉为食，包括海绵、珊瑚、海蜇、甲壳纲动物、软体动物和鱼类。只有少数种类，如黑海龟和绿蠵龟，为草食动物，它们的消化系统中有能够消化纤维素的细菌。

海洋食谱

海龟的饮食是多样化的，海龟有草食、肉食和杂食三类，每一种都在它们1.5亿年间的演化过程中发育了适于吞食和咬碎各种食物的嘴。更新奇的是，有些龟在其一生中会改变饮食习惯。比如绿蠵龟，刚开始为肉食动物，之后随着不断成长，多以藻类植物为食。

边缘锋利的嘴
绿蠵龟（*Chelonia mydas*）的嘴边缘锋利并带有锯齿，可以撕碎植物，如海藻和其他海草。有时也会捕食小鱼和甲壳纲动物。

坚硬的颌骨
蠵龟（*Caretta caretta*）的颌骨发育完全且非常坚硬，嘴较厚，利于咀嚼坚硬的食物，如软体动物和甲壳纲动物的外壳。

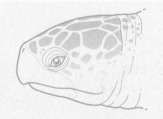

长嘴
玳瑁（*Eretmochelys imbricata*）的嘴较长，利于捕食藏在珊瑚丛或岩石层中的动物，如海绵、囊类动物、软体动物和甲壳类动物。

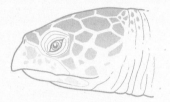

钩状嘴
棱皮龟（*Dermochelys coriacea*）的嘴呈钩状，薄而锋利，适合捕食软软滑滑的生物，如海蜇。

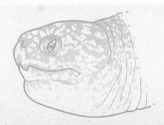

嘴
龟没有牙齿。一般会利用上下颌外面的一层类似鸟喙的角质尖状突出把食物撕碎。

曲颈龟

门:	脊索动物门
纲:	蜥形纲
目:	龟鳖目
亚目:	曲颈龟亚目
科:	10
种:	238

曲颈龟颈部较短，一般将脖子折成直立的S形，从而把头部缩到龟壳内。该亚目是海龟目中演化最为成功的种类，包括200多个物种，分布在海洋、河流、湖泊和水库中，适应了半湿润甚至沙漠环境。

Chelydra serpentina
拟鳄龟

体长: 20~50厘米
保护状况: 未评估
分布范围: 加拿大南部到厄瓜多尔

拟鳄龟，史前动物，行为具有攻击性，尤其是离开水面后。龟壳上有3条纵向的鳞脊和庞大的盾甲，但是因为头和脚较大，不能全部缩到龟壳内。体色由橄榄绿过渡为棕色。

擅长捕食，并喜欢腐肉，颌骨坚硬，撕咬速度快，使它们可以活捉行动敏捷的猎物，如鱼类、两栖动物甚至鸟类。尽管它们在水中比较温和，但有时也会攻击游泳者。过去因为它们有食腐肉的习惯，人们会利用它们来寻找沉在水底的尸体。

雌性一般在麝香鼠的巢穴中产20~30枚卵。雌性可以将雄性的精液一直保留到下一个交配期。

坚硬的爪子
脚呈掌状，爪子又长又坚硬。尾长，并呈锯齿状

结节皮肤
该物种的脖子、脚和尾巴上带有不计其数的角质结节

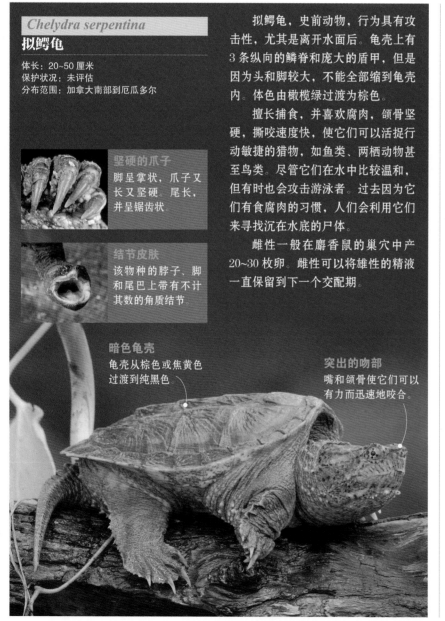

暗色龟壳
龟壳从棕色或焦黄色过渡到纯黑色

突出的吻部
嘴和颌骨使它们可以有力而迅速地咬合。

Macrochelys temminckii
大鳄龟

体长: 65~75厘米
保护状况: 未评估
分布范围: 美国南部

大鳄龟是世界上最大的淡水龟。龟壳为暗棕色，表面不平整，有庞大的盾甲，同腐朽的树干类似。尾巴又长又细。

用枯枝败叶掩藏自己的巢穴。喜定居，龟壳上经常覆满藻类植物，使其在其他水生动物中别具一格。它们是了不起的捕食者，舌头形状和颜色同蠕虫类似，其作用为摆动舌头，充当鱼饵引诱鱼类。

每年产一次卵，平均每次产25枚。在距水域50米的沙地中筑巢产卵。孵化期持续100~140天。11~13岁时性成熟。

Terrapene carolina

卡罗莱纳箱龟

体长：20 厘米
保护状况：近危
分布范围：加拿大、美国、墨西哥

卡罗莱纳箱龟，体形中等或偏小，龟腹甲上有铰链，可完全闭合，以保护它们免遭捕食者的侵害。因亚种变化，龟壳的颜色和大小不尽相同。杂食性：从昆虫到果实，甚至腐肉及对人类来说有毒的蘑菇，都是它们的美食。成长缓慢：刚出生时，长 3 厘米，7~10 岁时性成熟，体长大约为 13 厘米。

Platysternon megacephalum

大头龟

体长：20~40 厘米
保护状况：濒危
分布范围：中国东南部、中南半岛

这是最奇特的品种之一。相对于其龟壳来讲，大头龟的体形十分庞大：头部巨大，呈三角形，嘴尖长，腿短且粗壮，尾巴几乎和身体的其他部分一样长。龟壳为棕色，无图案，龟腹甲颜色明亮，有纵向嵴突。生活在小的海岸斜坡，因为它们不擅长游泳。攻击性极强，有夜间活动的习惯，捕食小型两栖动物、鱼类、甲壳纲动物和软体动物。繁殖习惯不详，仅有资料显示产 1~2 枚卵。

被保护的头部
因不能将头"保存"到龟壳内，它们的头部有类似龟壳的硬壳，并且颅顶无孔。

Trachemys scripta

彩龟

体长：15~25 厘米
保护状况：近危
分布范围：美国南部、中美洲

红色斑纹
这是彩龟的显著特点。

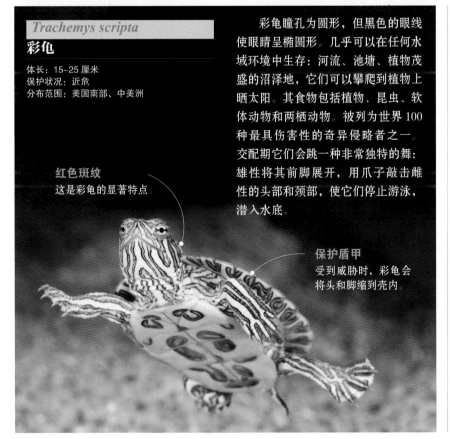

彩龟瞳孔为圆形，但黑色的眼线使眼睛呈椭圆形。几乎可以在任何水域环境中生存：河流、池塘、植物茂盛的沼泽地，它们可以攀爬到植物上晒太阳。其食物包括植物、昆虫、软体动物和两栖动物。被列为世界 100 种最具伤害性的奇异侵略者之一。交配期它们会跳一种非常独特的舞：雄性将其前脚展开，用爪子敲击雌性的头部和颈部，使它们停止游泳，潜入水底。

保护盾甲
受到威胁时，彩龟会将头和脚缩到壳内。

Graptemys pseudogeographica

伪地图龟

体长：15~25 厘米
保护状况：近危
分布范围：美国密苏里州和密西西比河

伪地图龟的龟壳平整，有纵向嵴突，边缘有锯齿状盾甲，因此而得名。后脚呈掌状。需要大量阳光，并且只能短时间内离开水域。杂食动物。在求偶仪式中，雄性（体长是雌性的一半）看起来像是在爱抚自己的伴侣，在交配前会轻咬它们的脚和脖子。经常会被捕捉当宠物。非法捕猎、环境污染、河流及产卵地的减少使其分布受到了限制。

Chelonoidis nigra

加拉帕戈斯象龟

体长：1.2~1.5 米
尾长：0.6~1 米
体重：250 千克
社会单位：独居
保护状况：易危
分布范围：加拉帕戈斯群岛（厄瓜多尔）

多样性
根据体形、龟壳和尾巴的长度，可分为很多亚种

加拉帕戈斯象龟分布在与厄瓜多尔海岸隔海相望的一个群岛上。那里的海龟是地球上最后的巨型海龟。

历史

几百万年前，在更新世以前或期间，就已经有象龟的近亲生活在除澳大利亚和南极洲外的其他大陆上。如今，这些地区的象龟都已灭绝，只有塞舌尔群岛还有它们的踪迹。

物竞天择和龟

龟壳的样子是达尔文进化论的最好证明。每个岛上的龟都有自己独特的龟壳，龟壳是在物种形成的过程中产生的，这使龟实现了自然分离。

超重
加拉帕戈斯象龟的体重可达400千克，寿命最长的龟可活200年。

濒危的象龟

这种巨型象龟的一些亚种分布在加拉帕戈斯群岛。和其他海龟一样，都面临着令人遗憾的命运：灭绝。象龟的长寿证明，它们的消失并不是因为自然现象，而是由于人类活动：过度捕猎以及外来物种的引进为其带来更多的捕食者和竞争者。

龟壳
由周长不断增加的盾片构成。

对比

加拉帕戈斯象龟是世界上体形最大的龟，其身高是中型龟（如查科龟）的50多倍

人类
1.8 米

加拉帕戈斯象龟
1.5 米

查科龟
0.25 米

物种的延续

从交配到出生要经过大约 4 个月。每次产卵后，雌性的体重会下降20%，它们会花 5 小时来翻动已经用尿液浸软的地面，并把卵产在其中，然后将其遮起来，一直到幼龟孵化出壳。

1 交配
雄性的行动非常具有攻击性，用脚按住雌性，与其交配。

5 固定的体形
40 岁时，虽然还会继续成长，但是速度明显减缓。其寿命可达100多岁。

4 发育
20~25 岁时性成熟，具有生育能力，可以交配。

2 产卵
受精之后2个月，雌性每两周产一次卵，产3~8 只。受到高温影响的卵出生后为雌性，否则为雄性。

3 孵化
4~8 个月后，幼龟一般在晚上出生。

1000
每只雌性每季可以产1000枚卵，但是只有很少的幼龟能够成活。

保护
坚硬的外壳是其进化的成果，可以保护身体的其他器官。

驼背
使它们可以抬头和伸长脖子。

脖子长且能伸缩
为了将脖子藏到壳内，它们会将其折叠收缩成位于同一纵向平面的"S"形。

桥梁
连接腹甲和背甲。

14个月
可以连续14个月不吃不喝。

前肢
前肢非常强壮，可以翻动土壤，雄性会利用前肢固定雌龟。

鳞片
四肢覆有鳞片，可以防止水分流失。

捕食者和竞争者
加拉帕戈斯象龟面临灭绝的风险，除了因为人类之前的屠杀外，还与幼龟的成活率有关，幼龟经常会遭到人为引进到其原始栖息地的两个物种——黑鼠和猫的侵害。另外，草食性象龟还要同牲畜争夺草地。

爪子
用爪子挖土为卵筑巢

人类引进的动物

鼠

山羊

犬

猪

Chelonoidis carbonaria
红腿象龟

体长：30~60 厘米
保护状况：未评估
分布范围：中美洲、南美洲

红腿象龟的龟壳为黑色或暗褐色，有橘黄色或橘红色斑点。腹甲为黄色。脚上有耀眼的红色、橘色或黄色斑纹。雄性的体形比雌性大。

白天活动。草食动物，喜欢吃花和红色果实。它们生存面临的最大危险是过度捕猎、人类的乱砍滥伐和农业活动导致的栖息地的丧失。

Pyxis arachnoides
蛛网陆龟

体长：15 厘米
保护状况：极危
分布范围：马达加斯加南部和西部

蛛网陆龟因其突起的黄色和黑色龟壳而独具一格。每块盾甲上都有类似于蛛网的图案。旱季时经常躲藏起来，到了雨季才重新出现。

尽管每年会产 3~4 次卵，但是每次只产 1 枚。

异国风情与危险并存
它们的独特龟壳使其面临着宠物贸易的威胁。

Testudo hermanni
赫曼陆龟

体长：12~15 厘米
保护状况：近危
分布范围：欧洲南部和巴尔干半岛

突起的龟壳
龟壳各个部分呈现出不同的色彩。

赫曼陆龟在陆地上活动，甚至生活在海拔几百米的地方。龟壳非常突出，区域不同则色彩不同。不论是雄性还是雌性，尾端都覆有角膜。主要以食草为生，但是旱季时会吃一些节肢动物、蜗牛和小块腐肉来补充钙质。

繁殖期具有攻击性，交配之后，雌性会进行产卵。因环境破坏、城镇化、非法捕猎和新捕食者的威胁，野生的赫曼陆龟面临着严重的生存危机。其数量每 10 年减少 30%。

Geochelone elegans
印度星龟

体长：25~35 厘米
保护状况：无危
分布范围：印度、斯里兰卡

印度星龟因其美丽和温顺而常常被当作宠物饲养。龟壳非常突出，黑色的底色上分布着很多明亮的星状条纹。草食动物，但有时也会吃无脊椎动物，如蚯蚓和昆虫。春季时比较活跃。

喜炎热气候，降温时会昏睡，但不会冬眠，至少在它们的自然栖息地内不会。有的印度星龟体形庞大，可重达 10 千克。

Cuora amboinensis
马来闭壳龟

体长：20~25 厘米
保护状况：易危
分布范围：东南亚的大陆和岛屿

半水生龟，龟壳色暗，甚至呈黑色，微微突起。腹甲上有关节，面对危险时，可以完全闭合，因此得名闭壳龟。

以植物、节肢动物、软体动物和鱼类为食。不惧怕和人类接触。基本上生活在水中，但是也经常回到地面活动。

发情期时，雄性具有攻击性，求爱时会用力撕咬雌性，经常会使它们受伤。

Sacalia quadriocellata
四眼斑水龟

体长：15 厘米
保护状况：濒危
分布范围：中国南部、老挝、越南

生活在淡水区的半水生龟，一般栖息在山区小溪或树林茂盛的地区。最大的特点是头顶有 2 个或 4 个黄色或绿色的圆形斑纹，状如硕大的眼睛，令人印象深刻。头部为暗棕色或黑色，有黄色条纹，喉部呈红色。龟壳为棕色，轮廓平滑。前肢为粉色或红色。擅长攀爬。以昆虫、蠕虫、水生植物和果实为生。雌性产 2~6 枚白色的卵。

它们在中国面临的主要威胁是龟壳可用于制作药材。目前已经展开育种计划。

假眼睛
头上有2个或4个圆形斑点，看起来像是眼睛。

Carettochelys insculpta
猪鼻龟

体长：55~60 厘米
保护状况：易危
分布范围：巴布亚新几内亚、澳大利亚北部

这是两爪鳖科仅存的龟类，4000 万年前就出现在地球上。龟壳柔软，上覆有一层带斑点的灰色厚质皮肤，鼻孔很大，看起来像猪的大吻部（用来观察环境和觅食）。只有在产卵时才离开水域。游动迅速而流畅；前肢呈桨状，使它们在水中如飞行一般，因此，经常会被当作宠物。它们容易相信他人，且凡事好奇。为杂食动物。

吻部
它们利用吻部觅食、呼吸，潜水时，用吻部吸取氧气

龟壳
龟壳上覆有一层皮质皮肤而不是鳞片。

前肢
同海龟类似，呈桨状

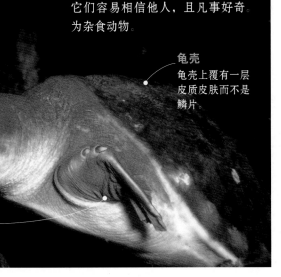

Pangshura smithii
史密斯棱背龟

体长：25 厘米
保护状况：濒危
分布范围：印度（恒河）、巴基斯坦、孟加拉国、尼泊尔

龟壳中间有一条高耸的鳞脊，将史密斯棱背龟分成带有坡度的两部分，看起来像是屋顶。栖居于深水区和海滨沼泽区。脚呈掌状。既可以在水中活动，也可以在陆地生活。经常躲藏在植物丛中，这些植物（如蕨类植物）可以给它们提供阴凉和湿润的环境。杂食动物，擅长游泳，它们面临的最大威胁是人类将其当作可口的美食。

Pelochelys cantorii

鼋

体长：2米
保护状况：濒危
分布范围：东南亚

鼋是最罕见的品种之一。为了避开捕食者的侵害，它们一生95%的时间都藏在水中或沙子里。每天只将头伸出一次进行呼吸。以鱼类、两栖动物和软体动物为食，当发现食物时，它们会伸长脖子将其捕获，吞食速度和变色龙相当。

Trionyx triunguis

非洲鳖

体长：0.3~1米
保护状况：未评估
分布范围：中东地区、非洲东北部及西部

成年非洲鳖的壳相对平滑，呈椭圆形，长度几乎可达1米。腹甲为白色或奶油色。和身体相比，头略小，吻偏长。大部分时间都在水中，但也会离开水面晒太阳。刚出生的非洲鳖长3~4厘米。雌性可产25~100枚卵，一般在水边的沙滩产卵。其为杂食动物，龟壳颜色容易同周围的沙地或泥土混为一体，利于捕食猎物。

有皮肤的龟壳
龟壳为栗色，上面有一层皮肤而不是鳞片。

Apalone ferox

珍珠鳖

体长：45厘米
保护状况：未评估
分布范围：美国南部

珍珠鳖为淡水鳖，壳柔软，呈圆形，表面平滑，边缘有一条显眼的黄色线条。脚呈掌状，随着年龄的增长，它们那独具特色的色彩会逐渐褪去。鼻子呈陀螺状，非常独特。长长的脖子，使其不用离开水底就能呼吸。它们大部分时间都生活在水底，只有捕食的时候才离开。没有晒太阳的习惯，只有产卵时才离开水域（一般在春季或夏季产2~24枚卵）。

对同类具有攻击性。肉食动物，擅长游泳、追踪和捕食鱼类和两栖动物，有时也吃昆虫和腐肉。

长长的脖子
因为潜水所需，长长的脖子使珍珠鳖不用离开水面就可以呼吸和进食。

Sternotherus odoratus
密西西比麝香龟

体长：12~14 厘米
保护状况：未评估
分布范围：美国东部、加拿大东南部

密西西比麝香龟又名"臭龟"，因其遇到危险时，位于龟壳后部的麝香腺会分泌一种味道难闻的物质，这一自我保护策略使人想到了加拿大臭鼬。

它们体形偏小，几乎一直生活在水中，只有在产卵时才离开水面。龟壳颜色暗淡，有 3 条纵向的鳞脊，边缘有黄色线条。头部呈棕绿色，两侧分别有两条黄色条纹。腹甲偏小，脚呈掌状。不喜欢日晒（夏天会躲到干燥的泥土里），会冬眠。以水生无脊椎动物、昆虫、虾、鱼肉、腐肉和一些植物为食。不像其他龟通过游泳觅食，它们更喜欢在水底爬行捕食。

性别二态性
雄性的尾巴比雌性长很多，末端有无尖的骨质尾刺。

带有浓密触须的下巴
雄性和雌性下巴上都有触须。

微小的腹甲
腹甲很小，不能充当保护四肢的盾甲。

Kinosternon subrubrum
盔头泽龟

体长：10~12 厘米
保护状况：未评估
分布范围：美国东南部

盔头泽龟体形小，龟壳呈橄榄绿色或棕色。腹甲分为互相连接的三部分，使其在遇到危险时可以像盒子一样闭合。杂食动物，夏季一般藏在泥土中。雌性每年产几次卵，一般每次产 3~5 枚。

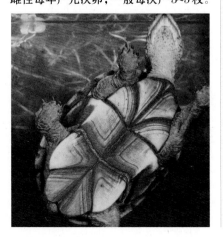

Kinosternon scorpioides
蝎形动胸龟

体长：15 厘米
保护状况：未评估
分布范围：巴拿马到阿根廷北部

蝎形动胸龟又名水生泥龟或蝎泽龟，每种龟的颜色都不同，使得该属的 19 种龟的辨认更加复杂。

尾端有尾刺，龟壳呈褐色，短而粗，前后两部分间有关节，可以像盒子一样完全闭合。腹甲呈黄色。卵为椭圆形，刚出生的幼龟非常小，和硬币一般大小。脚呈掌状，雄性的尾巴比雌性长很多。

气候条件恶劣时，它们可以躲在壳内长达两年之久，下雨后才会重新出现。以昆虫、死鱼和腐肉为食，并有夜间活动的习惯。在水中求偶并交配。

Staurotypus salvinii
萨氏麝香龟

体长：25 厘米
保护状况：未评估
分布范围：墨西哥南部、危地马拉、萨尔瓦多

萨氏麝香龟又名十字龟或恰帕斯泥龟。龟壳平整，呈棕色，并带有暗色斑点，腹甲颜色明亮，面积很小，身体的大部分暴露在外。脖子很长，鼻子又尖又翘，非常引人注目。擅游泳，生活在不超过 30 厘米深的植物丰富的水域。

旱季时，完全躲在壳内。有夜间活动的习惯，同类间攻击性较小，是肉食动物：以软体动物、两栖动物、鱼类甚至幼鼠为食。颌骨非常有力，擅长撕咬。生活在墨西哥（瓦哈卡州和恰帕斯州）、危地马拉西部和萨尔瓦多。

雌性尾巴比雄性短。每季产 6~10 枚卵，一般在秋季和初冬产卵，孵化期持续 80~210 天。

Chelonia mydas

绿蠵龟

体长：0.8~1.5 米
保护状况：濒危
分布范围：所有热带、亚热带及温带水域

在沙滩中出生
雌性龟花好几个小时在沙滩挖洞，然后在其中产100~200枚卵。

有两个大不相同的亚种：太平洋绿蠵龟一般比大西洋绿蠵龟小，它们的龟壳完全呈黑色。将其命名为绿蠵龟是根据其身体的颜色。

行为和繁衍

雄性会因雌性而相互竞争。交配时，为了和伴侣在一起，甚至会咬伤对手。交配期是它们发声的唯一时期。一般在距离海岸1000米的水下或水面上进行交配。

艰难的生存

雌性产很多卵，但大部分都不能成活。尽管雌性会用沙子将卵遮盖起来，避免它们受到伤害，但是经常会有狐狸、郊狼、老鼠和一些其他动物（包括人类）发现它们的巢穴，并将其卵吞食。

穿越沙滩
为了繁殖后代，它们会长途跋涉寻找沙子丰厚的地区，一般在夜晚向沙滩深处前行。

伟大的游泳者

龟壳精美光洁，鳍有力，因此，绿蠵龟可以在水中迅速游动。它们不断摆动强壮而扁平的鳍足，可以不停歇地游动几周，雌性每次都会穿过一段很长的距离回到同一个产卵地。对于它们如何定位产卵地，我们尚未找到准确的答案，大部分人认为是和陆地磁场有关。

栖息地

绿蠵龟偏爱炎热的水域，因为此地有成年龟食用的红树根和叶子。幼龟为半肉食性，以软体动物、海蜇和海绵为食。

肯氏龟
绿蠵龟
棱皮龟

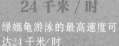
24千米／时
绿蠵龟游泳的最高速度可达24千米/时

小头
同身体的大小相比，它们的头很小，不能藏到壳内。

与众不同的面部
脸上有一对额骨鳞片，下颌呈齿状。

鳍
四肢变成了桨状鳍，游泳时发挥重要作用。

皮肤颜色
一般为棕色或黑灰色。

弓形爪
交配时，雄性利用弓形爪固定雌性。

体形对比

不同的海龟，体形大小不同，从最小的肯氏龟到巨型棱皮龟。同一窝乌龟的成长速度也不尽相同，会受到栖息环境、气候和饮食的影响。

肯氏龟 65 厘米
玳瑁 90 厘米
蠵龟 110 厘米
绿蠵龟 140 厘米
棱皮龟 180 厘米

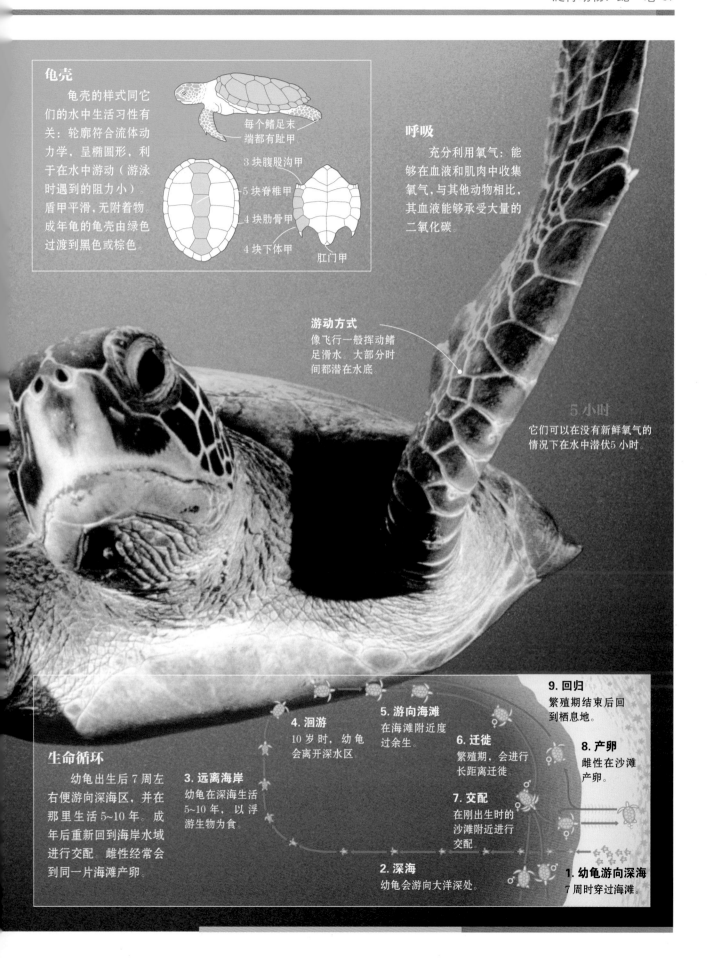

龟壳

　　龟壳的样式同它们的水中生活习性有关：轮廓符合流体动力学，呈椭圆形，利于在水中游动（游泳时遇到的阻力小）。盾甲平滑，无附着物。成年龟的龟壳由绿色过渡到黑色或棕色。

每个鳍足末端都有趾甲
3 块腹股沟甲
5 块脊椎甲
4 块肋骨甲
4 块下体甲
肛门甲

呼吸

　　充分利用氧气：能够在血液和肌肉中收集氧气，与其他动物相比，其血液能够承受大量的二氧化碳

游动方式

像飞行一般挥动鳍足滑水　大部分时间都潜在水底。

5 小时

它们可以在没有新鲜氧气的情况下在水中潜伏5小时。

生命循环

　　幼龟出生后 7 周左右便游向深海区，并在那里生活 5~10 年。成年后重新回到海岸水域进行交配，雌性经常会到同一片海滩产卵。

4. 洄游
10 岁时，幼龟会离开深水区

5. 游向海滩
在海滩附近度过余生。

9. 回归
繁殖期结束后回到栖息地。

3. 远离海岸
幼龟在深海生活5~10 年，以浮游生物为食。

6. 迁徙
繁殖期，会进行长距离迁徙

8. 产卵
雌性在沙滩产卵。

7. 交配
在刚出生时的沙滩附近进行交配

2. 深海
幼龟会游向大洋深处。

1. 幼龟游向深海
7 周时穿过海滩。

Lepidochelys kempii
肯氏龟

体长：60~70 厘米
保护状况：极危
分布范围：美国和墨西哥附近的大西洋水域

肯氏龟是最小的海龟，面临着灭绝风险。一般在墨西哥湾和美国西海岸的大西洋水域活动，但是雌性经常在塔毛利帕斯州新兰乔海滩上长达 22 千米的狭窄地带筑巢。

肯氏龟面临的最大威胁是捕虾网（经常会被钩在网上）、水域污染和栖息地的减少。

Lepidochelys olivacea
丽龟

体长：65~75 厘米
保护状况：易危
分布范围：大西洋、太平洋、印度洋的热带和亚热带水域

龟壳近似圆形，呈心形，头为三角形

丽龟会进行迁徙，分布在近 80 个国家的沿海地区。龟壳近似圆形，呈橄榄绿色或咖啡绿色。以螃蟹、虾、海藻、蜗牛、鱼类和小型无脊椎动物为食。为了产卵，成千上万只丽龟夜晚聚集在沙滩上：每季集合 1~3 次，每只雌性每次产 100 枚卵。孵化期持续 54 天左右。尽管它们是数量最大的海龟，但人类及天敌对成年龟的捕杀及对卵的抢劫，已经造成了其数目的急剧减少。

Eretmochelys imbricata
玳瑁

体长：0.6~1 米
保护状况：极危
分布范围：印度洋、太平洋及大西洋的热带水域

玳瑁生活在珊瑚礁附近及平坦海岸边的多岩石地区，一般不深入到水中 18 米以下。主要以海绵为食，包括含有氧化硅的海绵，而这对于其他海洋生物来讲是有毒物质。

因其美丽的龟壳而出名，由很多半透明的盾甲构成，色泽多样，有黄色、琥珀色、红色、棕色和黑色。人们从很久以前就开始捕杀玳瑁，用它们的壳制作装饰品、首饰和眼镜框。

因被捕捞、卵被食用、被渔网误伤、海滩污染和海洋栖息地的破坏等原因，玳瑁如今处于极危状态。

嘴又尖又弯，上颌隆起

1000 枚卵

1 只成年龟

Caretta caretta
蠵龟

体长：0.8~1 米
保护状况：濒危
分布范围：大西洋、太平洋和印度洋的热带和亚热带水域、地中海、加勒比海

蠵龟喜独居，会进行长距离迁徙，其鳍状肢和特殊的爪子利于进行长距离游动。蠵龟平均长 1 米，但是仍有体形偏大的蠵龟，长度可达 2 米，重约 400 千克。呈棕红色，腹部近似白色。幼龟呈暗棕色。为肉食动物，以软体动物、甲壳类动物和其他无脊椎动物为食。有时也会吃鱼类。在开阔的海域习惯在水面游动，但在沿岸水域则习惯在水底活动。

和其他海龟目动物一样，雌性回到它们出生的海滩或其附近产卵。每只雌性产 35~180 枚卵，幼龟 42~72 天后孵化出壳。求偶和交配在觅食区进行。栖息地尤其是产卵沙滩的丧失，对成年龟的捕杀及对其卵的搜集、捕鱼活动、环境污染等使它们面临着灭绝的危险。据记载，很多蠵龟因误食塑料袋而窒息死亡。

年龄
从龟壳的弓形长度可以看出它们的年龄。

饮食
以软体动物、甲壳类动物和小型鱼类为食。

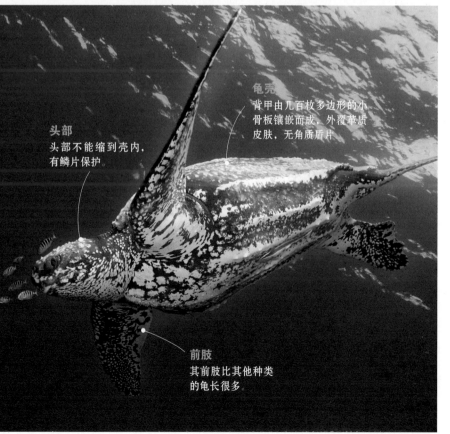

Dermochelys coriacea
棱皮龟

体长：2 米
保护状况：极危
分布范围：所有的热带和亚热带水域

　　棱皮龟是最大的龟类，重约 800 千克。已知的进行最长距离迁徙的动物。游行速度可达 24 千米/时，据记载，有的棱皮龟可以游行 5000 千米。

　　龟壳平滑，狭小，颜色暗淡，微微弯曲，类似于乐器。头不能收缩，靠近脖子，由一层角质鳞片保护。

　　对其卵的掠夺、捕杀、海洋污染尤其是塑料污染（它们经常把塑料袋同其最主要的食物——软体动物相混淆）是造成它们死亡的重要原因。可以存活近 100 年，雄性从幼年期进入水中后，从不离开水域。

头部
头部不能缩进壳内，有鳞片保护。

龟壳
背甲由几百枚多边形的小骨板镶嵌而成，外覆革质皮肤，无角质盾片

前肢
其前肢比其他种类的龟长很多。

古老的航海者

棱皮龟是世界上体形最
大、潜水最深、地域分布最
广的龟。它们已经在地球上
生活了1亿多年，现在依然
为了生存而在不断地抗争。

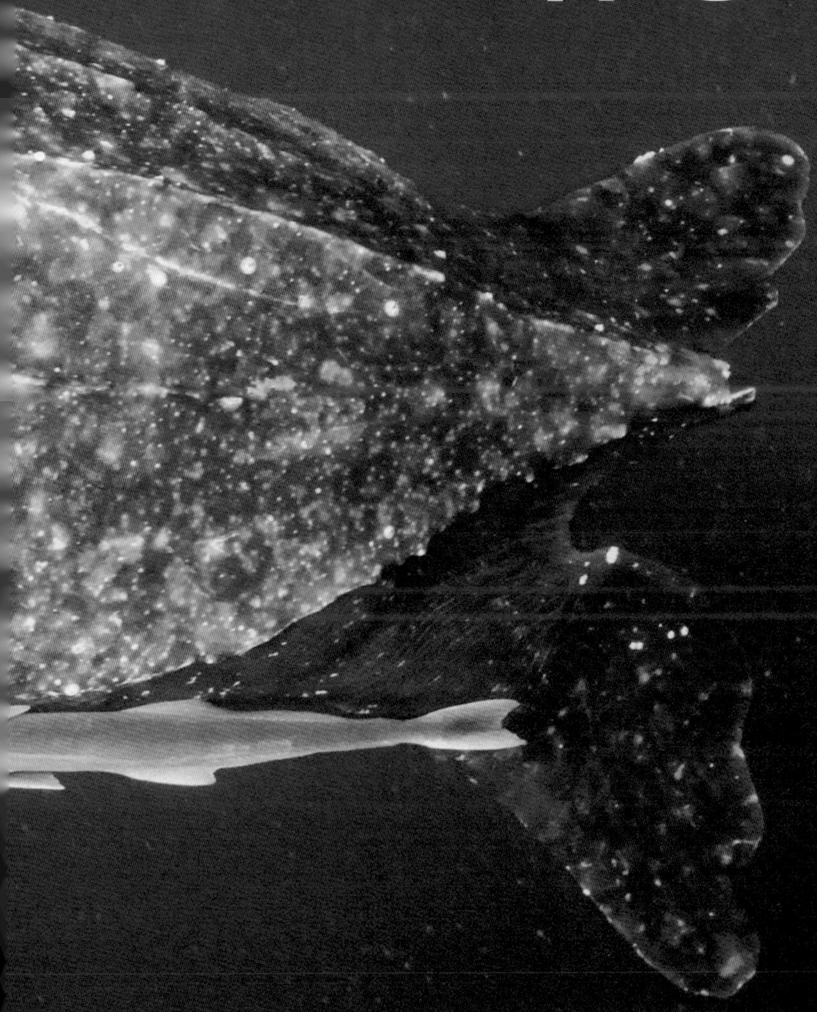

▶ 浮出水面

幼龟即将出生时，会用一种特殊的牙齿击破卵壳。雌性一般会回到同一片沙滩繁殖后代。雄性从不上岸。

关于它们的所有资料都令人惊奇。棱皮龟的传记非常引人注目，完全不用羡慕它们那些如今已经灭绝的著名远亲们，也不用嫉妒其他出色且富有魅力的陆栖动物。在漫长的进化过程中，它们英勇地同其他优于自己的物种不断抗争。比如，当霸王龙横行世界时，棱皮龟已学会了游泳，而霸王龙只在陆地上活动。它们从1亿年前就开始在海里游动，尽管遇到很多困难，但是最终幸存了下来。当其他海龟依旧忠实于某些特定产卵地时（容易受到沙滩变化的影响），它们已经学会了随机应变：如果发现了有利的地理条件并有丰富的海蜇可供食用，它们会毫不犹豫地在那里筑巢，尽管此前从未如此做过。因此，当大多数龟的数量减少时，在地图上某些地方（如特立尼达东海岸和马图拉），棱皮龟的数量仍是不断增加的。

毫无疑问，它们是地球上体形最具有流体动力学特点的生物，其体形庞大，体重可达600千克。它们的头类似于潜水艇的前端，通过又粗又短的脖子与巨大的龟壳（长1.8米、宽1米）相连，尾部比较狭窄。此外，身体内部结构柔韧且适宜，骨骼上纵向分布着7个鳞脊，利于它们在水中迅速而灵敏地游动。前肢几乎和安第斯秃鹰两翼展开的长度一样：从一端到另一端可达2.5米。因此，它们可以在水中优雅地快速游动。棱皮龟会进行迁徙，据相关资料显示，它们可以进行长达1万多千米的远行，可以游着穿越大洋，并且能够潜到1500多米深的水底，当水温达到0摄氏度时，仍能保持身体的温暖。它们唯一的食物是各种海蜇：每小时能吃20多只，每天的饮食量与其体重相同。因为这些进化特点，棱皮龟一生中99%的时间都在海洋中度过。事实上，在世界上所有的海域（北纬70度到南纬35度之间），除极地区之外，都有它们的踪迹。雌

▶ 幼年棱皮龟的艰难生存

卵的孵化温度决定了幼龟的性别。如果温度处于27~29摄氏度之间，出生的便是雄性，如果温度偏高（30~32摄氏度之间），则为雌性。

幼龟体长仅5厘米左右，体形特别小，即将到来的赴海之旅对它们来说是一项艰巨的任务（图1），需要避开螃蟹、蜥蜴、秃鹫、鲨鱼、海鸥和雄鹰的捕食（图2）。那些窥伺的捕食者会将红树林的根纠结成一团作为致命的陷阱，甚至可以捕获成年棱皮龟。出生后，幼龟要靠自己的能力生存。

2

▶长途跋涉
棱皮龟迁徙的相关研究记载了带有卫星定位的棱皮龟从北美洲太平洋沿岸游到了日本。只需几天时间就能从加勒比海穿过大西洋抵达毛里塔尼亚。

性在交配后，会离开水域来到海岸上产卵。而雄性自从在沙滩上出生后，终生不会再回到陆地，一些生病、受伤或临终的雄性除外。

矛盾的是，对于海龟的科学研究，90%以上都集中在海滩上，或在其筑巢孵化地和出生地进行，也就是说，这仅仅能反映它们一生中一个极短的生活片段。因此，从很大程度上来讲，它们在深海区的生活我们并不熟悉。新技术（如卫星定位在动物学上的应用）可以使我们更便捷地了解棱皮龟的行动、迁徙和路线，从而对它们进行保护。

一只爬行动物一生中的大部分时间都在海洋中度过，在寒冷的水中游动，并且只吃海蜇，这使我们甚至包括最博学的动物学家都大为惊讶。但是这些英勇行为并不能确保它们能够顺利幸存。当前它们的数目急剧减少，种群统计和评估令人泄气：几万甚至十几万只棱皮龟曾在墨西哥和中美洲的临太平洋海滩产卵，然而，如今仅剩下几百只，而在马来西亚则只剩下一小群。因此，国际自然保护联盟将其列为濒危物种红色名录中的最危险的种类：极危。

一系列的威胁足以让经验最为丰富的成年龟也难以承受。棱皮龟30岁时性成熟，面对这个充满挑战的世界，活到这一年龄并不是一件简单的事情。无意中被渔网捕获、吞食塑料袋（容易同海蜇混淆）中毒、污染物对其生存环境的毒害、城市灯光对其迁徙方向的误导、船只对它们的撞击和伤害、不请自来的游客对其巢穴的踩踏、猎人为了龟肉或催欲的生殖器对其巢穴的劫掠等，都是它们生存所面临的威胁。这意味着，这些海龟在其生命的某一天会变成历史。因此，这些优雅而古老的航海者如今正处于极大的危险中，但它们仍然是地球上生物多样性的标志和海洋保护的鲜明旗帜。

侧颈龟

门：	脊索动物门
纲：	蜥形纲
目：	龟鳖目
亚目：	侧颈龟亚目
科：	3
种：	71

侧颈龟不会将头缩到壳内，而是将脖子折向体侧。科学家们认为该亚目物种是地球上最早的龟类（有侏罗纪末期的化石资料），包括71种水生龟或半水生龟，生活在南半球，尤其是澳大利亚、南美洲和非洲。

Chelus fimbriata
玛塔蛇颈龟

体长： 1米
保护状况： 未评估
分布范围： 南美洲北部

面部特征
有一张独特的管状长嘴。下巴上有触须和细丝，看起来像胡须。

棕色或黑色的龟壳扁平且粗糙；脖子几乎和龟壳的长度等同，侧面突出，呈锯齿状，一直延伸到扁平的三角形头部。前脚有5个脚趾，外表非常干燥。嘴非常宽大，眼睛很小。外表像腐朽的木头，经常待在平静混浊的浅水区底部。以鱼类和蛙类为食。

它们埋伏在水中等待猎物出现，当猎物同它们的嘴处于同一水平线时，其会迅速将其捕获：它们通过强大的吸力将猎物吞食。

交配期间，雄性会张大嘴巴，伸展四肢来吸引雌性。

龟壳
龟壳狭长而粗糙，很容易同枯叶混淆。

Acanthochelys pallidipectoris
刺股刺颈龟

体长： 17.5厘米
保护状况： 易危
分布范围： 阿根廷北部、巴拉圭、玻利维亚

生活在雨量丰富、树木茂盛的地区，经常在植被较少的天然或人工临时浅水区（如小泥塘或农村房舍附近的饲养牲畜的小水库）活动。龟壳为棕色，背部有浅槽或沟痕。在春夏两季活动。

一年的其他时间，当温度和降水量下降时，它们会躲到刺菜蓟丛生的地方或者在其他靠近水流的区域蛰伏，进行短期冬眠。

Mesoclemmys gibba
吉巴蟾头龟

体长： 23厘米
保护状况： 未评估
分布范围： 南美洲亚马孙河和奥里诺科河流域

吉巴蟾头龟的龟壳呈暗棕色，胸甲暗淡，边缘泛黄，一般生活在多沼泽的辽阔草地和湖泊、小溪以及水流缓慢的河流中，喜欢在水流混浊的地方活动，多分布于南美洲热带丛林。

有时会在清晨离开水域晒太阳。当遇到危险时，会分泌麝香味油脂或其他带刺激性气味的物质。以鱼类和一些植物为食。栖息于亚马孙河流域的哥伦比亚、委内瑞拉、厄瓜多尔、秘鲁、圭亚那、巴西以及巴拉圭。一次产1~5枚卵。

Platemys platycephala
红头扁龟

体长：15 厘米
保护状况：未评估
分布范围：南美洲北部

盾甲
通过轻微的突起分离。腹甲为黑色。

红头扁龟为半水生龟，但是不擅长游泳，以两栖动物的卵、软体动物、鱼类为食，离开水域时会吃植物和落果。龟壳平整，头的上半部分呈橘色或黄色，颈部有尖的隆突。

Pelusios adansonii
安氏非洲泥龟

体长：20~25 厘米
保护状况：未评估
分布范围：非洲中北部

安氏非洲泥龟的龟壳中部有鳞脊，并有类似于老虎的暗棕色斑点和条纹。头部较宽，吻短，下巴上有一对触须。生活在非洲大草原的大湖、大河中，一般在温热的浅水区活动。它们生活的地区非常干旱，草长得很矮。

杂食动物，以两栖动物、鱼类、无脊椎动物甚至腐肉为食。擅长游泳，能将自己完全埋在泥土里以度过旱季。腹甲为黄色，比龟壳小很多。雄性尾巴比雌性长。眼睛大且黑，面部有黄色的小斑点，一直延伸到嘴和整个脖子。脚很粗壮，呈掌状。安氏非洲泥龟非常胆小。

Hydromedusa tectifera
阿根廷蛇颈龟

体长：30 厘米
保护状况：未评估
分布范围：巴拉圭、巴西南部、乌拉圭、阿根廷中部和沿岸

阿根廷蛇颈龟的龟壳呈棕色，腹甲为黄色。头部扁平，和脖子一样，两侧有黄色条纹。喜欢底部泥泞且植被丰富的水域。以鱼类、昆虫、两栖动物（及其幼体）和蜗牛为食，同玛塔蛇颈龟一样通过"吸"来捕获猎物，头部的摆动同蛇类似。较为年轻的阿根廷蛇颈龟龟壳上有浮雕花纹，每块盾甲上有小尖角。和其他同类一样，脖子不能缩到龟壳内。

Pelomedusa subrufa
沼泽侧颈龟

体长：40 厘米
保护状况：未评估
分布范围：撒哈拉以南非洲、马达加斯加

沼泽侧颈龟胸部盾甲同腹甲相连，龟壳上有 5 块盾甲，呈灰棕色。前脚有 5 个趾甲，头的前半部分较尖。雄性比雌性体形大很多，尾巴也更粗。杂食动物。栖居在植被适宜的地区，遇到干旱时，可以躲藏到泥土里直到再次下雨。有时会与鳄鱼和大型哺乳动物分享栖息地。有时甚至可以看到有些沼泽侧颈龟在为河马清除寄生虫。

Erymnochelys madagascariensis
马达加斯加大头侧颈龟

体长：50 厘米
保护状况：极危
分布范围：马达加斯加西部

马达加斯加大头侧颈龟是 25 种因人类活动和栖息地减少或分裂而面临灭绝的龟类之一。头部很大（有一个或两个触须），龟壳平整，颜色由橄榄绿过渡到灰棕色。主要以水面上的花、果实和植物的叶子为食。事实上，除了在产卵期，它们几乎不会爬到地面上。据统计，目前仅剩 1000 只（或者更少），只生活在马达加斯加岛的一个小区域内。20 岁后，它们开始交配繁殖。

楔齿蜥

尽管楔齿蜥的外表同蜥蜴相似，但属于不同的种类：头骨后部有两个小孔、一个骨桥以及第三只眼睛，或称"松果眼"，其作用仍存在争议。它们是楔齿目或喙头目的唯一幸存者，在2亿年前曾经和恐龙一起生活过。从1.4亿年前到现在，它们没有明显的进化改变，因此被称为"活化石"。栖息在新西兰的一些小岛上。

门：	脊索动物门
纲：	爬行纲
目：	喙头目
科：	楔齿蜥科
属：	楔齿蜥属
种：	2

活化石

它们的俗名为毛利人所取，在毛利语中，"楔齿蜥"意为"多刺的背脊"，指的是它们背上的一排刺。

来源

在古代，它们的成员在世界各地均有分布。据估计，其体长可达35厘米，以各种草类和昆虫为食。据说有些擅长游泳的楔齿蜥专以鱼为食。它们最早的化石遗骸出现在从三叠纪中期（大约2.3亿年前）到侏罗纪早期（大约1.75亿年前）的岩层中。

该种名称意为"楔形的牙齿"，其上颌比下颌长，这一特点使它们在古时可以与本目其他物种区别开来。但是它们身体的基本结构实际上并未发生变化，如今仅生活在新西兰的一些小岛上。当欧洲人到达大洋洲时，楔齿蜥在当地仍有存活，但数目并不是很多。外来物种的引进，如犬、猪和猫，使它们的数量大大减少。目前，大部分楔齿蜥在基因上都属于同一种，占据支配地位的雄性成长缓慢。

特征

外部特征同鬣蜥科蜥蜴相似，但是仍存在一系列有别于其他爬行动物的特点。无鼓膜和中耳，雄性无外生殖器。头骨结构使得颌骨肌肉附着在骨头上，因此，它们的撕咬非常有力。

保护

同其他的爬行动物相似，孵化地点的温度会影响幼体的性别发育。气候变化加剧会直接影响楔齿蜥的生存，它们将会遭遇灭顶之灾，因为温度的变化会引起性别比例的失衡。

头骨

头骨特点与蜥蜴大不相同。

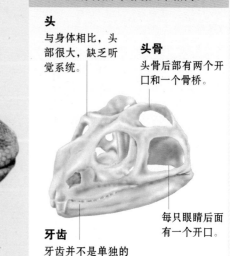

头

与身体相比，头部很大，缺乏听觉系统。

头骨

头骨后部有两个开口和一个骨桥。

每只眼睛后面有一个开口。

牙齿

牙齿并不是单独的结构，而是上下颌骨边缘的延伸。

Sphenodon punctatus
斑点楔齿蜥

体长：40~60 厘米
保护状况：易危
分布范围：新西兰北部的 29 个小岛

雌性每 4 年进入一次发情期，1~3 月进行交配。它们是唯一一种没有阴茎的爬行动物，和鸟类相同：通过泄殖腔（一种独特的通道，尿液和粪便同样经过此处排出）吸收精液。卵在母体内经过 8~9 个月成形。产卵后再过 12~15 个月出生。

饮食
它们会花很长时间等待猎物出现，其主要食物是新西兰的沙螽或巨型蟋蟀。

曾经生活在整个新西兰地区，因为一个地理事件，斑点楔齿蜥得以避开捕食者的追踪：9000 万年前，新西兰同澳大利亚分离，陆地哺乳动物——其潜在的捕食者无法穿越塔斯马尼亚海峡。但是，如今，最后幸存者的聚集地只占原始栖息地的 0.5%，它们生活在没有人类、牲畜和老鼠的一些小岛上。据估算，如今只剩下大约 5 万只野生斑点楔齿蜥。

与大部分爬行动物不同，它们生活在气候寒冷的地区，体温一般为 12~17 摄氏度。无法在高于 25 摄氏度的环境中生存。

喜独居，有夜间活动的习惯。白天在石头上休息、晒太阳（但是温度不能过高），夜晚在巢穴附近捕猎觅食。以蟋蟀、蠕虫、蛞蝓、蜗牛和蜈蚣为食，有时也会吃鸟卵和雏鸟，甚至还会吞食同类的幼蜥，因此，幼蜥一般在白天觅食。最寒冷的时候，会进行冬眠或躲在自己的巢穴中。楔齿蜥 9~13 岁时性成熟，繁殖率很低。

刺状嵴饰
雄性的嵴饰比雌性大。

Sphenodon guntheri
冈氏楔齿蜥

体长：70 厘米
保护状况：易危
分布范围：新西兰岛

有大约 400 只冈氏楔齿蜥生活在兄弟岛上的灌木丛和石头中，一般在海拔 0~300 米的地方活动。几十年来，它们被认定为不同于普通楔齿蜥的物种，其体形更小，腹甲的颜色也略显不同。2010 年发布的一项最新基因研究表明，它们属于同一种类的喙头楔齿蜥（斑点楔齿蜥）。

不同
颜色从棕色过渡到砖红色，有白色或翠绿色斑点，色彩比斑点楔齿蜥亮丽。

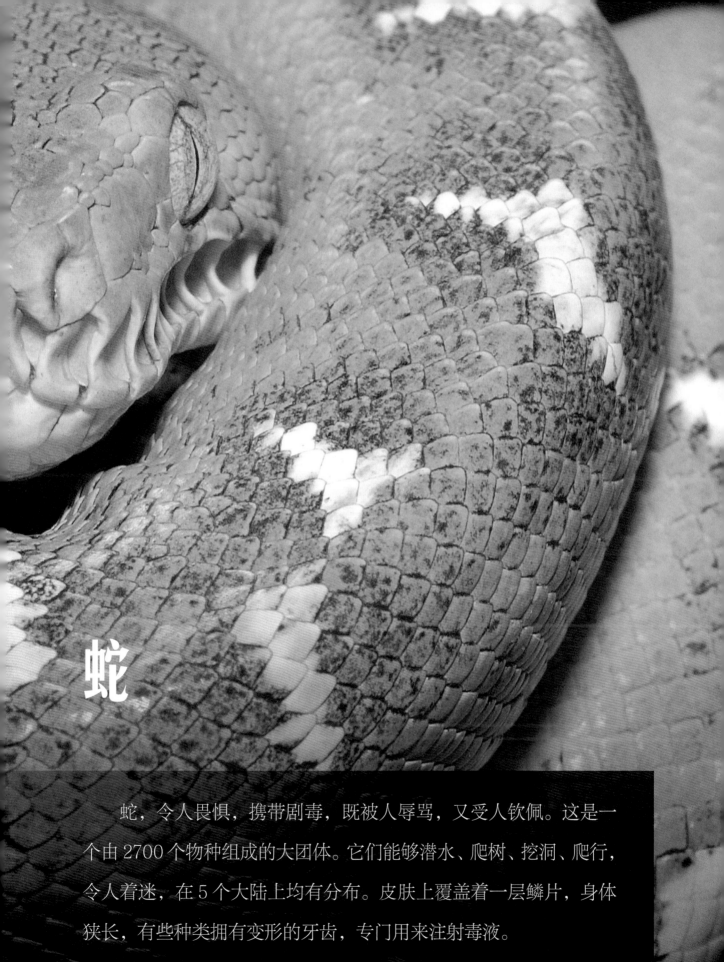

蛇

蛇，令人畏惧，携带剧毒，既被人辱骂，又受人钦佩。这是一个由 2700 个物种组成的大团体。它们能够潜水、爬树、挖洞、爬行，令人着迷，在 5 个大陆上均有分布。皮肤上覆盖着一层鳞片，身体狭长，有些种类拥有变形的牙齿，专门用来注射毒液。

一般特征

身体细长，覆有鳞片，无足，体长一般在 10 厘米到 8 米之间，蛇是爬行动物进化的又一成功案例。它们是蜥蜴的后代，有些种类至今仍然可以看出脚的痕迹。不同种类间的结构特点与其各自的栖息环境有关：擅于攀缘的蛇类一般又长又细；擅于挖土的蛇类则又短又粗；而那些能够收缩肌肉的蟒蛇，则通常显得庞大且肌肉发达。

骨骼

由于没有四肢，蛇的骨骼结构比其他脊椎动物简单得多：由头骨、舌骨（位于颈部，充当舌头肌肉的附着物）、脊椎和肋骨构成。只有一些原始的蛇类，如蚺蛇和蟒蛇，有骨盆结构的痕迹，这证明它们的祖先是有足的动物。

蛇类长长的身体里所包含的椎骨数目打破了动物世界的纪录：根据种类的不同，椎骨数目为 130~500 根不等，其中大部分都与肋骨相连，除了尾椎，后者几乎占据所有椎骨数目的 1/5。

最原始的蛇类，头骨很重，牙齿较少。但是大部分蛇类的头骨都很轻，颌骨相连，其他一些特殊的骨结构使它们的嘴能够张得很大，可以完整地吞食比其身体直径大很多倍的猎物。

饮食习惯和额外的毒液注射系统影响了头骨的解剖结构。颌骨上分布着与骨头相连的牙齿，蛇一生中会换很多次牙。牙齿呈向后弯曲的钩状，可以阻止猎物逃脱。

蚺蛇和蟒蛇，同很多游蛇一样，没有注射毒液的毒牙。注射毒液的蛇类占所有种类的 1/4 左右。根据形状和与毒液腺相连的牙齿嵌入颌骨的位置可以将其分为 3 类，即管牙类毒蛇、前沟牙类毒蛇和后沟牙类毒蛇。

内部器官

身体又细又长。食道肌肉不发达，因此，它们通过不断活动上半身肌肉将

蛇的家族

据估算，目前世界上有 2700 种蛇，其中有 319 种是盲蛇。有些种类携带剧毒，而有些则无毒。可以分为 18 个科，其中以下 3 科最为突出。

蝰蛇科
带有剧毒。具有在所有蛇类中最为先进的毒液注射器官。有很长的毒牙。

游蛇科
游蛇属于游蛇科。头部有大块鳞片，一般长 20~30 厘米。

眼镜蛇科
包括眼镜蛇、银环蛇、非洲带蛇等。身体又细又长，带有剧毒。生活在热带和亚热带地区。

食物从口中推送至胃部。内脏大部分为肝脏，位于心脏和胃之间。心脏由两个心房和一个心室构成。由于没有膈，心脏的位置可以移动，避免由食道进入的大型食物伤害到心脏。左肺叶因进化明显变小，而右肺叶功能健全。肾位于不同的地方，以便适应狭长的身躯。

皮肤

身体外表附着一层鳞片，避免脱水和擦伤。鳞片或平滑，或呈龙骨状。腹部的鳞片较长，便于在地面爬行和承受内部器官的压力。

皮肤或者说是布满角质素鳞片的外皮会周期性地更换，这一过程叫作"蜕皮"。蛇在其一生中会不断换皮，每次都是一整张完全脱落，就像脱掉长筒袜一样。换皮的频率因种类、环境和年龄而变化，幼蛇几乎每 2 个月换一次皮来促进发育。

大肠

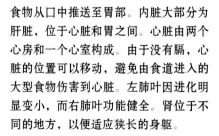

射毒器官

蛇的毒液是一种变异的唾液，能使猎物失去行动能力或致命。一般会影响猎物的神经系统、血液和血管组织。毒液一般储藏在位于脑后的特殊腺体组织中，并通过不同种类的牙齿注射毒液。

A 管牙类毒蛇
长而空心的毒牙可以收缩，将毒液注射到猎物的皮肤组织中。

B 前沟牙类毒蛇
前面的毒牙小且牢固，空心，后部有沟痕使毒液流通。

C 后沟牙类毒蛇
沟槽状的牙齿位于颌骨尽头，根部的开口与毒腺连通。

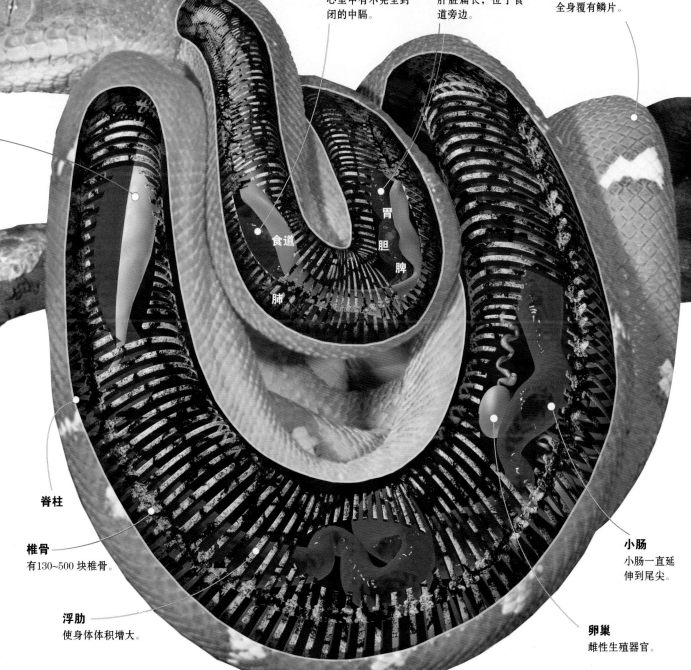

心脏
心室中有不完全封闭的中膈。

肝脏
肝脏扁长，位于食道旁边。

鳞片
全身覆有鳞片。

食道

胃
胆
脾

肺

脊柱

椎骨
有130~500块椎骨。

浮肋
使身体体积增大。

小肠
小肠一直延伸到尾尖。

卵巢
雌性生殖器官。

行为

　　蛇是标准的肉食动物，它们会利用不同的方式来捕获猎物。有些种类身体里有温度感应器或颅窝，位于鼻孔和眼睛之间或者嘴唇周围，可以使它们感知到其他动物身体发出的热量。有能够接收有气味粒子的特殊器官，使它们的嗅觉非常灵敏。在漫长的进化过程中，蛇的行动越来越敏捷。尽管它们没有脚，但是仍然可以以不同的方式快速移动。

移动

　　蛇利用自身的肌肉和鳞片向前移动。它们会根据不同的生存环境采用不同的移动方式。最常见的且最迅速的方式为"蜿蜒"或"横向起伏"：蛇会将自己后半身所有的弯曲和起伏部分推向地面，然后缓缓地向前爬行。这一行动使它们可以获得更快的速度，一般不会超过 13 千米／时。但生活在非洲南部热带丛林里的曼巴蛇爬行速度超过了这一界限，在短距离内速度可达 19 千米／时。

　　"直线移动"是一种缓慢的直线运动，一般体重较大的蛇会通过腹部收缩的方式前行，如蚺蛇和蟒蛇。

　　另外一种爬行方式叫"六角形手风琴式"或"手风琴式"，很多蛇会在巢穴或平滑的地表爬行时使用这种移动方式：像风箱一般，不断伸展和收缩身体，使得与地面接触的部分获得摩擦力，从而推进身体其他部分向前移动。沙漠中的蛇会用第 4 种办法移动：将身体抬离地面，形成螺旋状，然后横向向前移动。它们会根据情况使用上述移动方式中的一种或几种。天堂金花蛇（*Chrysopelea paradisi*）会用另外一种运动方式：它们在树枝间穿行，扩张肋骨，伸展皮肤，从而停留在空中，就好像降落伞一样。

捕猎和自我保护

　　蛇是标准的肉食动物。白天或晚上出去捕猎，或耐心等候猎物出现，不同种类习惯不同。利用视觉、嗅觉或者红外线传感器（有些种类自身带有）确定猎物。除了鼻子上的嗅觉接收器外，还有一种叫作雅各布森的辅助器官，由位于腭部的两个小洞构成。舌头上分布着不同的化学物质，这些物质会被传送到雅各布森器官，而这一器官则会将这些信息输送给大脑，然后大脑会将其转化为不同的气味信息。这就是蛇经常吐舌的原因。

　　根据体形大小，蛇几乎可以毫无例外地整体吞食所有猎物，包括昆虫、蜗牛以及鸟类、啮齿目动物、两栖动物、小型哺乳动物或者其他的爬行动物（如其他蛇类）。还有一些种类的蛇会吃其他动物的卵。

同环境的关系
通过化学知觉感知周围的环境。通过其分叉的舌头接收环境中的气味粒子。

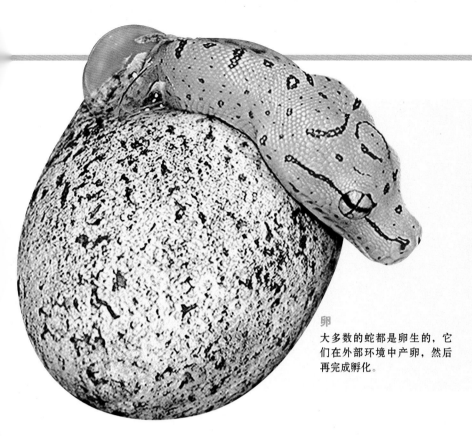

卵

大多数的蛇都是卵生的，它们在外部环境中产卵，然后再完成孵化。

繁殖

大部分蛇是卵生动物：在外部环境中产卵。有些种类，如擅于收缩肌肉的蚺蛇和响尾蛇为卵胎生动物：卵被留在母体内，之后分娩发育成熟的幼蛇。有些雌性会保存精力和充足的食物以度过繁殖期。求偶和雄性间的竞争包括各种表演和搏斗仪式。雌性水蟒会释放信息素来吸引雄性：12~15 条雄性会围在雌性周围，构成一个典型的线团样，大约 2 周之后，只有一条雄性可以同雌性交配。

卡拉细盲蛇（*Leptotyphlops carlae*）是一种位于加勒比岛上的小型蛇类，成年卡拉细盲蛇平均长 10 厘米，主要以白蚁和蚁卵为食。蟒蛇和水蟒体长可达到它们的 100 倍之多，可以吞食鹿和猪。

如果猎物体形偏大，消化会持续几天。这一过程也同周围的气温有关。当亚洲岩蟒（*Python molurus*）在气温为 28 摄氏度时吞食野兔，需要花费 4~5 天将其完全消化；然而，如果是 22 摄氏度，则需要 1 周的时间；18 摄氏度时，则要超过 2 周。不论在什么情况下，蛇在吃饱后，可以几周或几个月不再进食。有记录显示，有的蛇类可以两年内不吃任何食物。蛇类的饮食变化多样。有 1/4 的蛇类会在吞食猎物之前，用自己的毒液使其麻痹或死亡。有的用自己钩状的牙齿（可防止猎物逃脱）捕获猎物。有的种类（如蚺蛇和蟒蛇）没有毒液，但是可以用自己的身体缠绕猎物，然后不

断收紧，同时用牙齿固定住猎物头部，防止猎物反抗。猎物会因缺氧、心跳停止或器官的损伤而死亡。

蛇同其猎物在不同栖息地的相互影响决定了各种类内部是否有变体出现。束带蛇（*Thamnophis sirtalis*）是已知的唯一一种不受粗皮蝾螈（*Taricha granulosa*）分泌的致命毒素影响的蛇：粗皮渍螈是一种爬行动物，其含有的毒素足以使 15 个人致命。在含有剧毒的蝾螈的分布范围内，蛇对这些毒素具有免疫力。

为了躲避捕食者（从野猪、獴到鸟类和野狼），蛇会采用积极和被动两种策略。很多蛇类的体色容易和周围环境混淆，甚至有些蛇类会模仿毒蛇的颜色和样子来迷惑和阻止敌人，如伪装成假珊瑚蛇。

但是如果这些都没有达到预期目的，当它们遇到威胁时，它们就会逃跑、对抗或采用一种特殊的防御措施。眼镜蛇会将身体直立，扩张颈部皮肤，形成一个风帽；印度沙蚺（*Eryx johnii*）会将尾部抬起以示恐吓；吉娃娃鹰鼻蛇（*Gyalopion canum*）会通过泄殖腔发出肠胃气胀的声音米吓跑潜在的追踪者。

爬行

蛇会根据环境或爬行的表面、水、土壤甚至空气而选择不同的行动策略，以各种不同的方式利用肌肉和鳞片。

侧面撞击式

蜿蜒式

手风琴式

直线式或毛虫式

蚺蛇和蟒蛇

门:	脊索动物门
纲:	爬行纲
目:	有鳞目
亚目:	蛇亚目
科:	蚺科和蟒科
种:	77

蚺蛇和蟒蛇被认为是世界上最原始的蛇类,它们有两个肺,并仍然保留着后足的痕迹,被称为隆突。它们属于擅长收缩肌肉的蛇类,也就是说,会不断勒紧猎物直至其窒息而亡,而不使用毒液。既可以在水里生活,也可以在地面活动。蟒蛇为卵生动物,只栖居于亚洲、非洲和大洋洲,而蚺蛇则是卵胎生动物,也常会在美洲出没。

Eunectes murinus
森蚺

体长: 9~10 米
保护状况: 未评估
分布范围: 南美洲热带地区的大河

鳞片
吻部周围覆有6块粗厚的鳞片。尾部有黄色和黑色图纹,使其有别于其他蛇类。

森蚺是世界上体形最大的蛇类,据记载,最大的森蚺重达 227 千克,是 1960 年在巴西捕获的一只雌性森蚺。身体呈暗绿色,腹部色彩比较明亮。头部很窄。鼻孔(外鼻孔)和眼睛位于头部很高的位置上。通过舌头来感知气味。它们是非常出色的捕猎者,能在水中窥伺前来饮水的动物,也可以躲藏到树上捕获猎物。它们的食物包括鸟类、鱼类和一些大型脊椎动物,如西猯、水豚和鹿。它们用坚硬的上颌骨咬住猎物,然后用力缠绕,直至猎物窒息而亡。之后使颌骨关节分离,从而一口将整只猎物吞食。可以连续几周昏昏欲睡地慢慢消化猎物,不需要再次进食。森蚺为卵胎生动物,幼蚺产自母体中的卵,一出生,就可以独立生活,长 60 厘米,可以游泳和捕食。

眼睛
眼睛位于头部较高的位置,便于从水中观察周围的环境。

Eunectes notaeus
黄水蚺

体长: 3~4 米
保护状况: 未评估
分布范围: 巴西南部、巴拉圭、阿根廷北部、玻利维亚

黄水蚺体形比普通的水蚺小很多,体长最大可达 5 米。喜独居,性格温和,大部分时间在水中活动,但也会爬上地面,或寻找伴侣,或迁移到其他水域,或追踪猎物。主要以鸟类、小型哺乳动物、乌龟、宽吻鳄和鱼类为食。

同普通水蚺一样,其为卵胎生动物,雌性在经过 6 个月的妊娠期后,一次性可分娩 82 条长达 60 厘米的幼蚺。宽吻鳄、猛禽和涉禽等会捕食幼蚺。

人类利用黄水蚺的皮制造皮革制品,或者用于宠物贸易,甚至食用。

Corallus caninus
翡翠树蚺

体长：2.2米
保护状况：未评估
分布范围：南美洲热带雨林

幼蚺
幼蚺与其父母大不相同：它们的身体呈红色或橙色，上面有白色的小斑点。

　　背部白色或黄色的横向条纹与亮丽的绿宝石体色交相辉映，便于它们隐身于叶丛之间。主要以鸟类和小型蜥蜴为食，一般用其长且坚硬的门牙捕食。有时也会吃小猴。

　　上颌前端边缘处有能够感知温度的颊窝，能帮助它们探测到猎物的热量。翡翠树蚺一般用尾巴牢牢地缠住树枝休息。是一种非常胆怯的动物：只要察觉到一丝危险，就会缠绕到树枝上，并一直保持这一姿势，直到引起恐慌的缘由消失。

Trachyboa boulengeri
包氏硬鳞蚺

体长：14~18厘米
保护状况：未评估
分布范围：中美洲

　　属于小型蟒蛇，喜定居。受到打扰时会缠绕成一团。当身体受到侵害时，会产生一种气味难闻的肛门分泌物。一般在夜间活动，鳞片由灰色逐渐过渡到棕褐色，便于在树枝间藏身。主要以鱼类和两栖动物为食。它们最突出的特点是眼睛上面的小"角"，由发育完全的鳞片构成，因此也叫睫蚺。

Epicrates cenchria
巴西彩虹蚺

体长：1.5~2米
保护状况：未评估
分布范围：中美洲、加勒比和南美洲

　　巴西彩虹蚺为陆生蚺类，有10个亚种，分布在美洲大陆大部分地区，不同亚种颜色不同，栖息地也不同。鳞片能够反射太阳光，产生彩虹，因此而得名。巴西彩虹蚺生性胆怯，一般在夜间活动，栖居在河流、小溪和水量充沛地附近。有非常明显的骨盆遗迹。牙齿大且坚硬，颌骨可以移动。面部鳞片与其他蚺蛇不同，更加宽大，从上面看非常显眼。主要在地面和树枝上活动，在夜间窥伺猎物，用温度感知器探测猎物。以鸟类、鱼类、两栖动物和其他爬行动物为食。

Sanzinia madagascariensis
马达加斯加树蚺

体长：2米
保护状况：易危
分布范围：马达加斯加岛

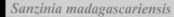

栖息地
生活在低洼的热带丛林，或者其他海拔更高、更为干燥的地方。

　　根据颜色可以分为两类：绿色马达加斯加树蚺生活在马达加斯加岛东部，西部的树蚺为棕褐色且带有灰绿色花纹。擅长爬行。马达加树蚺为半树栖性，随着它们的不断成熟，会逐渐迁移到地面并度过大部分时间。

　　和其他大部分蚺蛇一样，其嘴周围有红外线感知器，能够在夜晚捕获鸟类和小型哺乳动物，将猎物抓获后，通过不断收缩肌肉使其窒息。为卵胎生动物，幼蚺为红色，在第一年随着成长逐渐转化为成年树蚺的颜色。如今它们面临的重要威胁是乱砍滥伐和栖息地的破坏。

生活环境
随着不断成长，它们逐渐离开树木，大部分时间在地面上度过。

Boa constrictor

红尾蚺

体长：1~4 米
保护状况：未评估
分布范围：中美洲、南美洲，
加勒比海上的小岛

树栖性
喜独居，夜间活动，白天在太阳下休息，使体温升高。

红尾蚺至少有 9 个亚种，颜色和体形各不相同。体色呈黑色、橄榄绿、红色或银灰色。所有的亚种背部都覆有条纹，便于它们隐藏在不同的栖息环境（从热带雨林到大草原）中。

交配和繁殖

雄性红尾蚺可以与多条雌性交配，需要花费精力追踪雌性，因为雌性一般会独自隐藏起来。一般在旱季繁殖；妊娠期根据气候持续 5~8 个月不等。平均分娩 25 条幼蚺。

感知

红尾蚺舌头可以快速活动，并将气味分子传送到犁骨鼻骨器官。视觉发达，可感知紫外线光谱。无外耳，通过颌骨感知振动。

特点
花纹穿过面部直到头部，吻部和眼睛间有暗色条纹，其他条纹向颌骨延伸。

使猎物窒息

其猎物包括啮齿目动物、蝙蝠、鸟类、蜥蜴目甚至猴子和西貒。可感知温度的头部鳞片和敏锐的嗅觉使其能够迅速地追踪到猎物。与其他种类的蛇不同，不用毒液杀死猎物，而是利用全身的力量"拥抱"猎物，直至其缺氧而死，然后将猎物一口吞食。

1 咬
用门牙将猎物固定，门牙呈弯钩状，可以刺入猎物体内。蚺蛇无毒牙。

钩状牙齿

从小到大排列

具有弹性的韧带

2 拥抱
蚺蛇用身体呈螺旋状缠绕猎物。只要猎物还有呼吸，它们就不断用力缠绕，直至其窒息而亡。在束缚猎物时，肌肉会不断收缩。如果猎物体形较小，这一过程只需几秒钟。

收缩的肌肉

收缩的外延肌肉

脊椎

缩肌圈的形成

松弛的肌肉

松弛的外延肌肉

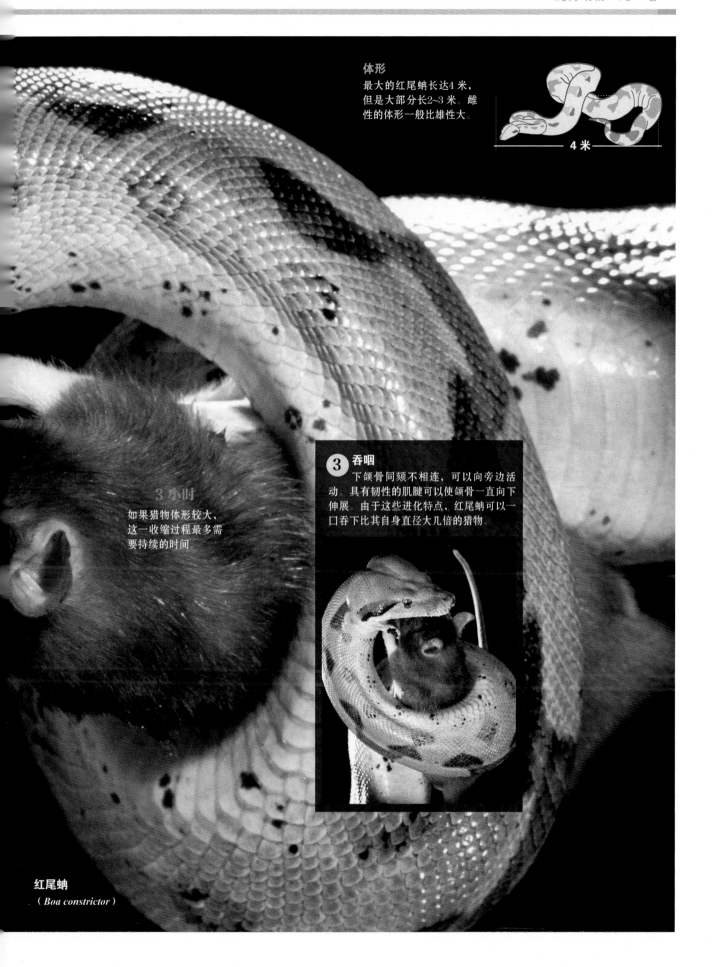

体形
最大的红尾蚺长达4 米，
但是大部分长2~3 米。雌
性的体形一般比雄性大。

4 米

3 小时
如果猎物体形较大，
这一收缩过程最多需
要持续的时间

3 吞咽
下颌骨同颅不相连，可以向旁边活
动。具有韧性的肌腱可以使颌骨一直向下
伸展。由于这些进化特点，红尾蚺可以一
口吞下比其自身直径大几倍的猎物。

红尾蚺
（*Boa constrictor*）

Python curtus
血蟒

体长：1.6 米
保护状况：未评估
分布范围：中南半岛、苏门答腊岛、加里曼丹岛

　　血蟒头部呈楔状（背部有各种颜色构成的花纹），鼻子扁平并向上翘。颌骨可以移动，利于它们吞食体形庞大的猎物。以小型哺乳动物和鸟类为食。为卵生动物：雌性产卵后孵卵，这一过程一般持续 2 个月，温度必须保持在27~29 摄氏度，直到幼蟒出生。

Python reticulatus
网纹蟒

体长：5~10 米
保护状况：未评估
分布范围：印度尼西亚、菲律宾

　　网纹蟒是世界上最长的蛇，但它们比森蚺细很多。头部偏长，吻部宽且扁平，嘴很大，大约有 100 颗向后弯曲的牙齿，利于其吞咽猎物。身体肌肉发达且具有弹性，由黄褐色逐渐过渡到棕褐色。擅长游泳和攀爬。生活在树木茂盛的乡村地区，总是在水源附近活动。夜间觅食，行动敏捷，捕食大型猎物，如鹿、猴、野猪甚至是美洲豹。

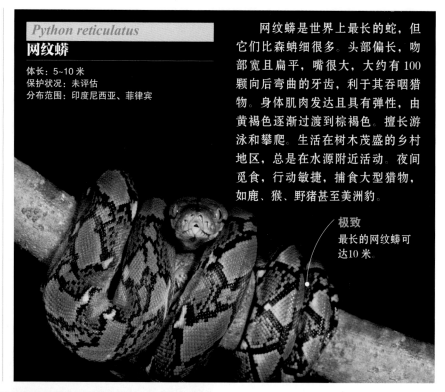

极致
最长的网纹蟒可达 10 米

Chondropython viridis
绿树蟒

体长：1.5~1.8 米
保护状况：无危
分布范围：大洋洲

热量
雌性绿树蟒盘踞在卵的周围为其保温。

　　这是一种树栖蟒蛇，但夜间会到地面上活动。身体纤瘦，头部呈钻石状，顶部有 3 个温度感知窝，底部有另外 7 个，可以帮助它们探测到猎物（白天捕食爬行动物，夜晚捕食小型哺乳动物）温热的血液。有的绿树蟒呈鲜绿色，有的身上有黄色甚至蓝色斑点。

　　以一种特别的方式在树枝上休息：缠到水平的树枝上，然后将头部放到身体中间。

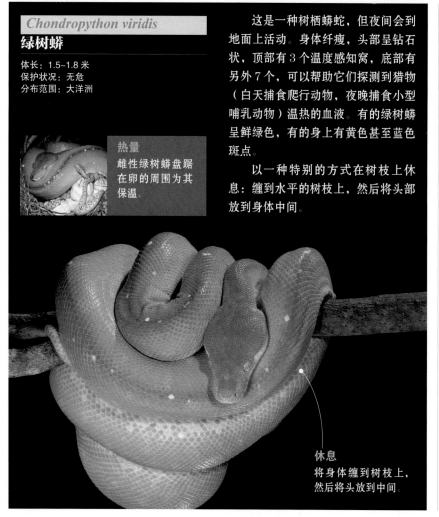

休息
将身体缠到树枝上，然后将头放到中间。

Python sebae
非洲岩蟒

体长：4~7 米
保护状况：未评估
分布范围：撒哈拉以南非洲

　　非洲岩蟒是世界上最大的蛇类之一。背部呈淡褐色，有深色和黑色的横向条纹。正是因为这一不规则图纹，故又名象形蟒，这些图纹便于在岩石间爬行而不被捕食者发现。尾部两条黑色条纹中间有一道浅色的纹路，独具特色。

　　一般在陆地活动，会潜入水中觅食。主要以啮齿目动物、鸟类、羚羊甚至是小型鳄鱼为食。经常在水中窥伺猎物，袭击前来饮水的动物。

盲蛇

门：	脊索动物门
纲：	爬行纲
目：	有鳞目
科：	盲蛇科
属：	27
种：	260

盲蛇属于无毒蛇类，生活在地下，样子同蠕虫相似。因其又细又长，故又名"线蛇"，但是它们并不被人所熟知。体形小，眼睛退化，身体呈柱形，尾巴短，鳞片光滑鲜亮。擅长挖土，以白蚁和蚂蚁的卵及幼虫为食。

Rhinoleptus koniagui
吻细盲蛇

体长：16~46 厘米
保护状况：未评估
分布范围：塞内加尔、赤道几内亚

吻细盲蛇是世界上最小的蛇类之一。吻部尖锐，有不到 300 块纵向鳞片，肛门处有一块盾甲。肺部没有气管，心脏位于颅骨内，全身的血液都输送到了右肺叶。皮肤呈栗色。

它们栖居于湿润柔软的地面，或者之前已被其他动物挖掘过的地方。尾部的刺或肛门处的盾甲可以帮助它们开拓道路。以小型腹足动物和昆虫的卵及幼虫为食，如白蚁和蚂蚁。

有些吻细盲蛇生活在远离地面的地方，因为不能承受外部的气候变化，经常通过蚁穴爬到较低的树枝上活动。

人们经常会把它们与土壤中的蚯蚓混淆，它们对人类无害。无性生殖（单性生殖）：卵子无须精子参与便可分裂，形成胚胎，然后不断发育成与成年吻细盲蛇相同的幼蛇。

头骨坚硬，用来在地下开辟道路。

该属名字的来源和这一种类息息相关：*Rhinoleptus* 源自希腊名词 *Rhinos*（鼻子）和一个希腊形容词 *Leptos*（瘦的），反映了吻细盲蛇面部鳞片的特征。

Liotyphlops beui
比氏滑盲蛇

体长：11~30 厘米
保护状况：无危
分布范围：巴西、巴拉圭、阿根廷

比氏滑盲蛇的背部呈暗黄色和青铜色。头的下半部和喉咙颜色较浅。身体细长，呈柱形，尾巴短且粗。下颌只有两颗牙齿。和所有的盲蛇相同，生活在漆黑的地下：眼睛作用不大，已经部分退化。

生活在乌拉圭、巴拉那和伊瓜苏河流附近，一般在湿润多石和蔓生植物较少的高地附近活动。以蚂蚁和其他昆虫为食。卵胎生，鳞片平滑，身体中部有 20 条线状鳞片，背部沿脊椎线分布着 384~464 块鳞片，下颌两边各有一颗牙齿。其生态学和繁殖特点不详。

Typhlops brongersmianus
勃氏盲蛇

体长：可达 30 厘米
保护状况：未评估
分布范围：南美洲亚热带地区（委内瑞拉到阿根廷）

和其他盲蛇相比，勃氏盲蛇进化优势更为突出：有 1~3 颗牙齿，颌骨可以移动，无左肺叶和骨盆带。

尽管勃氏盲蛇一般体形偏小，但仍有个别盲蛇体长达 95 厘米。与其他蛇类一样，腹部有鳞片。有坚固的尾部盾甲，遇到威胁时，会刺伤敌人，但是无毒。

生活在大西洋沿岸的低地地区。不亲自打洞，而是占用其他动物挖掘的通道。身体呈深棕色，背部有颜色更深的条纹。卵生，主要以蚂蚁、白蚁和其他节肢动物为食。

游蛇及其近亲

门：	脊索动物门
纲：	爬行纲
目：	有鳞目
科：	游蛇科
种：	1731

游蛇科各个种类之间大不相同。头部的鳞片呈盾牌状，其余的为平行四边形。身材纤细。眼睛发育完全，瞳孔一般呈圆形。大部分为陆栖性，也有水栖性、两栖性和树栖性。可以在除了极地以外的所有环境中生存。

Natrix natrix

水游蛇

体长：65~80 厘米
保护状况：无危
分布范围：欧洲、非洲北部

　　水游蛇的背部为橄榄绿色，腹部呈灰色或棕色。体侧有一排黑色花纹，靠近背侧线的花纹近似圆形。头部后侧有颇具特色的黄色和黑色项链状鳞片。生活在气候寒冷的地区，因此，在冬季的几个月里会进行冬眠。经常会在湖泊、池塘和溪流附近活动。

　　春季进行交配：雄性会盘绕在雌性周围，交配前会先摩擦头部。雌性每次产 8~40 枚卵，一般在粪便沉积物或已分解的有机物中产卵，这些地方可以提供有利的温度条件。孵化 6~8 周后，幼蛇便会出生。无毒性，一般在白天活动。以两栖动物（如蛙类、蟾蜍）、鱼类和小型哺乳动物为食。雌性体形比雄性大很多。

Lampropeltis triangulum

牛奶蛇

体长：0.35~1.75 米
保护状况：未评估
分布范围：北美洲东南部、中美洲、南美洲北部

　　因体色与珊瑚蛇类似，也名假珊瑚蛇。它们利用这一特点赶走捕食者。

　　有 25 个亚种，每种体色稍有不同。一般为红棕色，整个身体上黑色环形图纹和黄白色斑点相间分布。

　　以啮齿目动物、鸟类和小型爬行动物为食。有时也会吃其他蛇类。

　　在冬眠结束后的春季交配，雌性一般在腐朽的树干下或洞穴及其他较为隐蔽的地方产 10 枚椭圆形的卵。经过 1 个月的孵化期后，幼蛇出生。无毒，喜欢在 26~32 摄氏度的环境中活动。寿命一般为 15 年左右。

Clelia clelia

拟蚺

体长：1.5~2.4 米
保护状况：未评估
分布范围：中美洲、南美洲

　　拟蚺也被称为索皮洛特蛇或森王蛇。背部为深灰色或浅黑色，腹部呈象牙色。幼蛇身体为红色，头部呈黑色，颈部有一条白色带状条纹。颜色随年龄增长而发生变化。

　　陆栖性，但是也会爬树或翻挖枯叶觅食。主要以其他蛇类为食。从头部开始吞食猎物，对猎物注射的毒液具有免疫力。卵生。一窝产 15~20 枚卵。

　　白天活动，眼睛小且突出，身体柔韧性很强。

　　存在性别二态性：雄性的身体比雌性纤细很多。

　　拟蚺分布广泛，在干燥和湿润的热带丛林中均有分布。

Dasypeltis scabra
食卵蛇

体长：0.8~1 米
保护状况：无危
分布范围：非洲东南部

因专吃鸟类的卵而得名。身体呈灰色或棕色，有菱形的暗色斑点。颈部有"V"形的图案，嘴巴内侧有一条黑色的纹路，无牙齿。身体纤细，皮肤粗糙。雌性比雄性体形更大、更健壮。一旦受到威胁，它们的身体会膨胀，然后将自己缠绕成一团，之后慢慢展开，让体侧的鳞片互相摩擦发出类似哨声的尖锐刮击声。

栖居在鸟类丰富、丛林茂盛之地。经常会爬树寻找鸟巢。

颌骨
颌骨有弹性，可以食用比自己头部大很多的卵

自我保护
一旦受到威胁，身体就会膨胀，然后盘绕成一团

Imantodes cenchoa
钝头树蛇

体长：0.8~1.45 米
保护状况：未评估
分布范围：中美洲、南美洲北部

钝头树蛇又名普通睡蛇或大头钝蛇。身体纤细。背部呈栗色，有边缘为黑色的棕色斑点；泛黄的腹部有纵向的不规则暗色斑点。头部和身体的其他部位大不相同，呈黄褐色，带有黑色斑点。眼睛偏大，非常有特色。

擅长在枝叶间快速爬行。栖居在湿润的热带高山丛林和雨林中。

夜行动物。主要以两栖动物（小型蛙类和蟾蜍）、蜥蜴和壁虎为食，一般在低洼的树丛中觅食。

白天躲藏在凤梨科植物、附生植物或树丛中，它们不仅可以在此避难，也可以在此捕食蜥蜴的卵。

颌骨前面的牙齿比后面的长。卵生动物，一整年都可以交配产卵。栖居在季节性环境中，但其繁殖期大多在雨季。每次产 1~3 枚卵。

无毒。

Ahaetulla prasinus
绿瘦蛇

体长：2 米
保护状况：无危
分布范围：南亚、东南亚

身体细长。头部呈三角形，吻部非常突出。呈祖母绿色和淡黄色，有的绿瘦蛇为鲜艳的绿色。为后沟牙类毒蛇：毒牙位于上颌后部。毒液可以使猎物麻痹；对人类无害。

树栖性，以小型脊椎动物为食。

卵胎生。刚出生的幼蛇为棕色。

毒牙
上颌后部有毒牙。带有毒液。

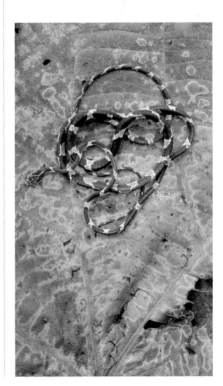

Spilotes pullatus
虎鼠蛇

体长：1.8~3米
保护状况：未评估
分布范围：北美洲南部、南美洲北部

因有类似老虎的斑纹而得名：身体呈浅黑色，从腹部到背部有黄色带状斜纹，腹部偏黄色，头部有横向斑纹。因这一特点又名虎蛇。

身体强壮，侧面扁平；头部与众不同，大且呈椭圆形，眼大，瞳孔为圆形。

因其能够敏捷地在树枝间穿行，虎鼠蛇别名飞蛇。栖居在小溪及河流附近的落叶林的中低部叶丛中。白天活动，具有攻击性。树栖性，但也会在牧草丰盛的地方活动。此外，也擅长游泳。

以小型哺乳动物如鼠类、鸟类和蜥蜴为食。卵生，在夏初产卵，一次一般产8~12枚卵，经过73~76天的孵化后，幼蛇出生。

自我保护
一旦受到威胁，脖子会膨胀，并摇动尾巴，撕咬敌人。

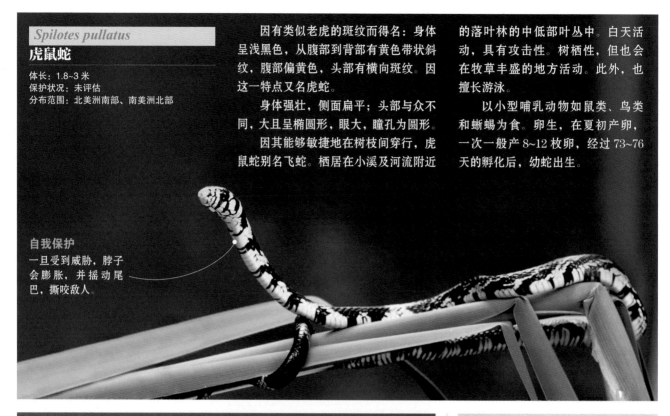

Elaphe mandarina
玉斑锦蛇

体长：1~1.7米
保护状况：未评估
分布范围：南亚、东南亚

玉斑锦蛇背部主要为灰色或棕灰色，有两排螺旋状的黄色椭圆形或圆形斑点，其内部为黑色，外围呈黄色。

头部较短。眼睛偏小，呈深棕色，近乎黑色。

舌头为黑色。个性胆怯，黄昏时刻活动，有挖洞的习惯；大部分时间在啮齿目动物的巢穴中度过，幼鼠和鼩鼱是其最主要的食物。

会在最冷的月份冬眠。春季交配，雌性一般产3~12枚卵，孵化期为48~55天。

颜色
背部鳞片一般由中间呈棕红色的个体构成。

Lycodon aulicus
白环蛇

体长：45~70厘米
保护状况：未评估
分布范围：南亚、东南亚

白环蛇体色因分布地区的不同而有所变化，但一般为咖啡色，有黄色或白色的横向条纹。身体肌肉发达，呈柱形，到尾部逐渐变窄。头部宽大扁平，别具一格。

夜行动物，白天盘绕成团，一动不动。主要以蛙类、壁虎和蜥蜴为食。因其分布范围广阔，繁殖习惯也有很大差别：一般雌性一次产4~11枚椭圆形的卵。

Elaphe guttata
玉米蛇

体长：0.61~1.82 米
保护状况：未评估
分布范围：美国东南部、墨西哥北部

玉米蛇体色因年龄不同而有所不同，但一般为橙色或棕色，背部有边缘为黑色的红色斑点。腹部有交替变化的黑白花纹。

每 2~3 天进食一次。以啮齿目动物、蝙蝠和鸟类为食；幼蛇以更小的猎物为食，如蜥蜴、树蛙、蟋蟀、甲虫。夜行动物，从下午开始活动。白天躲在啮齿目动物的巢穴中或干枯的树干和石头下方。

卵生。雌性一般产 10~30 枚卵，产卵地要保持足够的湿度和热度来确保孵化工作的进行，一般为腐朽的树干等。

收缩
捕食猎物时，会用身体不断勒紧猎物，直到其窒息而亡。

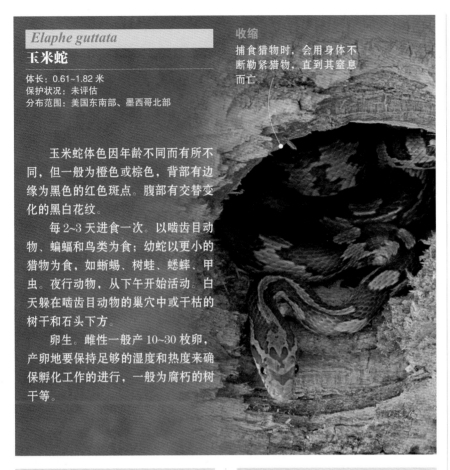

Boiga dendrophila
红树黄环蛇

体长：1.8~2.4 米
保护状况：未评估
分布范围：东南亚

红树黄环蛇背部为亮黑色，并带有黄色环形斑纹，腹部呈黑色或蓝色，一般有黄色斑点，使其在蛇类中独具特色。有后沟毒牙。夜行动物，且非常具有攻击性。白天悬挂在红树林的树枝上昏昏欲睡。在马来语中，又名 *ularburong*，意为"树蛇"。

为机会主义捕食者，以啮齿目动物、蛙类、小型鸟类、蝙蝠和卵为食。极少数情况下会吞食其他蛇类。

Xenodermus javanicus
爪哇闪皮蛇

体长：48~67 厘米
保护状况：未评估
分布范围：东南亚

爪哇闪皮蛇于 1846 年被发现，那时人们对其所知甚少。又名"爪哇蛇"，沿着脊椎分布着 3 块大鳞片和一些略小的流线型鳞片。

闪皮蛇属的唯一代表。皮肤为灰色，腹部为白色。背部有龙骨状鳞片和一系列隆突，因此，皮肤组织非常粗糙。头部略小，与身体其他部位不同，有颗粒状鳞片。

栖居在人烟稀少的地区，如沼泽地和海拔 1100 米的热带丛林。

白天有挖洞的习惯。夜晚出去觅食，常在河岸边吞食蛙类。

半水生卵生动物，雌性一般产 2~4 枚卵。

分布于马来西亚、苏门答腊、爪哇岛和加里曼丹岛。

Homalopsis buccata
宽吻水蛇

体长：0.9~1.2 米
保护状况：无危
分布范围：东南亚

宽吻水蛇背部呈暗棕色，有带黑色边缘的浅色条纹。腹部为白色或黄色，带有棕色斑点。

栖居在淡水区，如溪流、排水沟、水库、灌溉地、沼泽地、海滨沼泽和池塘。白天躲在泥滩上的洞穴中，夜晚开始活动。主要以鱼类和蛙类为食。卵胎生动物。

头部花纹与众不同：头上有三块非常耀眼的小斑纹，吻部有一块三角形斑点，一条纵向带状花纹经过眼睛一直延伸到嘴巴结合处。

宽吻水蛇是游蛇科唯一会离开水面晒太阳的蛇类，但不会离开太远。可以在水中敏捷地游动，但是不擅长在地面上爬行。分布于印度、孟加拉国、缅甸、柬埔寨、泰国和马来西亚。

Lamprophis aurora
屋蛇

体长：45~90 厘米
保护状况：无危
分布范围：非洲东南部

屋蛇背部呈亮橙色，全身布满了橄榄绿色的小斑点，构成了该种游蛇的鲜明特征。随着年龄的增长，这一引人注目的色彩会逐渐暗淡。有性别二态性，雌性体形更大。栖居于牧草丰盛的区域和海岸地区，主要在夜间活动。以蜥蜴、蛙类和啮齿目动物为食。卵生，一般一次产 8~12 枚卵。

眼镜蛇及其近亲

门: 脊索动物门	
纲: 爬行纲	
目: 有鳞目	
科: 眼镜蛇科	
种: 346	

眼镜蛇科的蛇都带有剧毒,其中最突出的是眼镜蛇、珊瑚眼镜蛇、非洲曼巴蛇和海蛇。固定而空心的毒牙与位于上颌后方的毒液腺相连。身体上一般有光滑的鳞片,栖居于除欧洲以外的热带和亚热带地区。

Dendroaspis polylepis
黑曼巴蛇

体长:2.2~3 米
保护状况:无危
分布范围:非洲东部与南部

尽管名为黑曼巴,但其一般为灰色、棕色、橄榄绿或草绿色,背部有亮色斑点。腹部呈奶油色,微微发黄或发绿。嘴巴内部为蓝色,近乎黑色;眼睛为暗棕色,瞳孔为黄色,边缘呈银色。

一般在白天活动,陆栖性,但也经常在树上活动。爬行时,身体的后1/3离开地面。一旦受到打扰,便会成为世界上最具攻击性的蛇类之一。一天中的大部分时间都在晒太阳,遇到极小的威胁便会逃跑,躲藏到树洞或白蚁巢中。只有在自我防卫和进食时,才会攻击。以小型哺乳动物为食,有时也会捕食鸟类。

春季进行交配,但是雌性在 2~3 个月后产卵。

Acanthophis antarcticus
死亡蛇

体长:0.7~1 米
保护状况:无危
分布范围:澳大利亚、新几内亚岛

死亡蛇属于眼镜蛇科。身体强壮,头部呈三角形,体色呈浅棕色,全身有颜色更深的横向条纹。行动敏捷,具有特殊的捕猎策略。

夜行动物,埋伏捕猎:隐藏在枯叶中,将类似于黄色蠕虫的尾尖暴露在外。当猎物被诱饵蒙骗靠近时,它们会通过撕咬和注射毒液攻击猎物。主要以小型哺乳动物、鸟类和其他爬行动物为食,如蜥蜴。其捕猎的成果依赖于它们的保护色。它们的撕咬对人类有致命的威胁。卵胎生。夏末,雌性一次产 10~20 枚卵。

Ophiophagus hannah
眼镜王蛇

体长:2.4~5.45 米
保护状况:易危
分布范围:亚洲中南部及东南部

眼镜王蛇是世界上最长的毒蛇。头部宽大扁平,颈部有一个尖顶皮褶,遇到危险时会将其展开。身体为棕色、橄榄绿色或黑色。一般背部有黄色或白色穗状横向条纹。幼체为煤黑色。

它们有一个不同于其近亲的习性:在交配期为一夫一妻制。擅长游泳,一般生活在河岸附近。在不被打扰的林中的灌木丛中活动。

昼行动物,主要以蛇为食,但也会捕食蜥蜴和卵。在繁殖期,交配时伴侣互相交缠,这一姿势一直保持几小时。雌性一般一次产 20~50 枚卵。

Micruroides euryxanthus
索诺拉珊瑚蛇

体长：32~44 厘米
保护状况：无危
分布范围：美国西南部、墨西哥西北部

捕食
毒杀、攻击和吞食其他蛇类。

肤色
细的环状花纹近似白色或黄色。

索诺拉珊瑚蛇的身体非常纤细，头部很小。有类似珊瑚的花纹：较细的黄色环状花纹将黑色和红色花纹分隔开来。

上下颌骨各有一枚毒牙，毒液具有非常强大的神经毒性。

以昆虫、两栖动物和小型爬行动物为食。食物匮乏时会攻击和捕食同类。

卵生。夏季雌性仅产 2~3 枚卵。

Laticauda colubrina
蓝灰扁尾海蛇

体长：0.875~1.42 米
保护状况：无危
分布范围：印度洋和太平洋

罕见的形态特征表明了蓝灰扁尾海蛇两栖性的生活习惯。身体呈柱形，腹部有鳞片，利于在地面上爬行，但尾巴扁平呈桨状。肺部很大，利于长时间潜水，盐腺和鼻孔有瓣膜塞。皮肤呈灰蓝色，全身分布着黑色的环状花纹。头部略显不同，颜色为更鲜亮的黄色。雌性体形明显比雄性大。卵生，雌性一次可产 4~20 枚卵。

Oxyuranus scutellatus
太攀蛇

体长：2~3 米
保护状况：未评估
分布范围：澳大利亚东北部

太攀蛇是世界上毒性最强的蛇类之一。身形纤瘦，呈浅黑色或棕色，侧面有近似白色的条纹；腹部呈黄色，有橙色的斑点。头部偏大，颜色明亮，吻部和下颚有奶油色条纹。以啮齿目动物和小型有袋目动物为食。嗅觉和视觉灵敏。栖居在遗弃的巢穴、树干或甘蔗种植园中。雌性可产 20 枚卵。

Pelamis platurus
长吻海蛇

体长：0.6~1.13 米
保护状况：无危
分布范围：印度洋和太平洋

卵胎生
雌性每次可产10条幼蛇。

长吻海蛇背部呈黑色或深棕色，腹部为灰色，边缘呈金黄色，外表独具特色，引人注目。尾巴侧扁，适于水域生活环境。舌头上的盐腺可以排泄盐分，便于控制水平衡。昼行动物，常在深海活动。夜间在海底休息，时不时钻出水面呼吸；可持续潜水 3.5 小时。可从水中获取氧气。在浅水区交配。

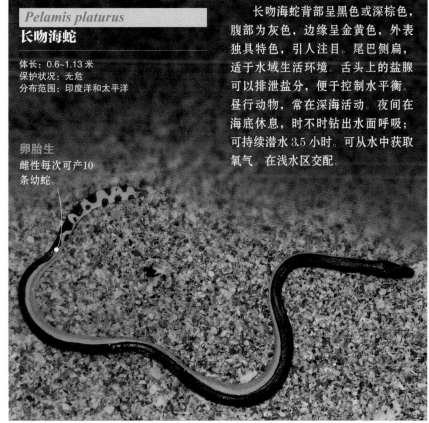

Naja naja
印度眼镜蛇

体长：1.5~2 米
保护状况：未评估
分布范围：南亚

孵化
雌性可产20 枚卵，孵化期为50 天左右

身形纤细苗条，皮肤上有平滑的白色、灰色或黑色鳞片，或全身同一颜色，或具条带状花纹。眼睛偏小，瞳孔呈圆形。嘴可以张开很大，露出锋利的牙齿。

行为

生活在靠近水源的植被茂盛地区以及沙漠地带。夜行动物，会爬树及游泳。分布范围不固定，经常出现在洞穴、缝隙、地洞、遗弃的白蚁巢穴或其他可以藏身的地方。

繁殖和养育

求偶时，为了避免受到攻击，雄性一般悄悄靠近雌性，交配后，雌性会在其他动物遗弃的巢穴中产卵。幼蛇长30 厘米，带有毒液，可以像成年蛇一样直立和打开头部的皮褶。

舞蛇
"魔法师"经常会在表演中利用眼镜蛇：它们可以随着笛声跳舞

警觉与致命

印度眼镜蛇的舌头长且分叉，可以探测周围的环境信息：获取空气中的粒子，之后腭上的雅各布森器官会通过与大脑相连的神经系统对这些粒子进行分析。这一综合系统可以帮助眼镜蛇探测到捕食者、猎物、同类及水源的位置。牙齿能够产生毒害神经和心脏的毒液，使受害者麻痹、动脉血压降低及组织死亡。

皮褶
一旦受到威胁或进行攻击时，头部和身体的1/3直立，而其他部分仍然盘成一团。因此，需伸长前面的毒牙和颈部的皮肤。这一变化使其显得更加庞大，皮褶可达20厘米左右。准备进攻时它们会将颈部皮肤展开，有时还伴有嘶声。

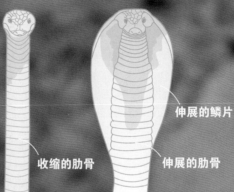

伸展的鳞片

收缩的肋骨

伸展的肋骨

① 闭合的皮褶
身体直立，准备打开风帽。

② 张开的皮褶
头部也会变宽。

体形
虽然不是世界上最大的眼镜蛇，但印度眼镜蛇最长可达2.25 米。

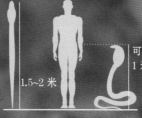

1.5~2 米

可直立1 米

眼镜
皮褶背面有眼镜状的图案，因此得名为眼镜蛇

条纹
最突出的特点之一是脖子下面的暗色宽带条纹。

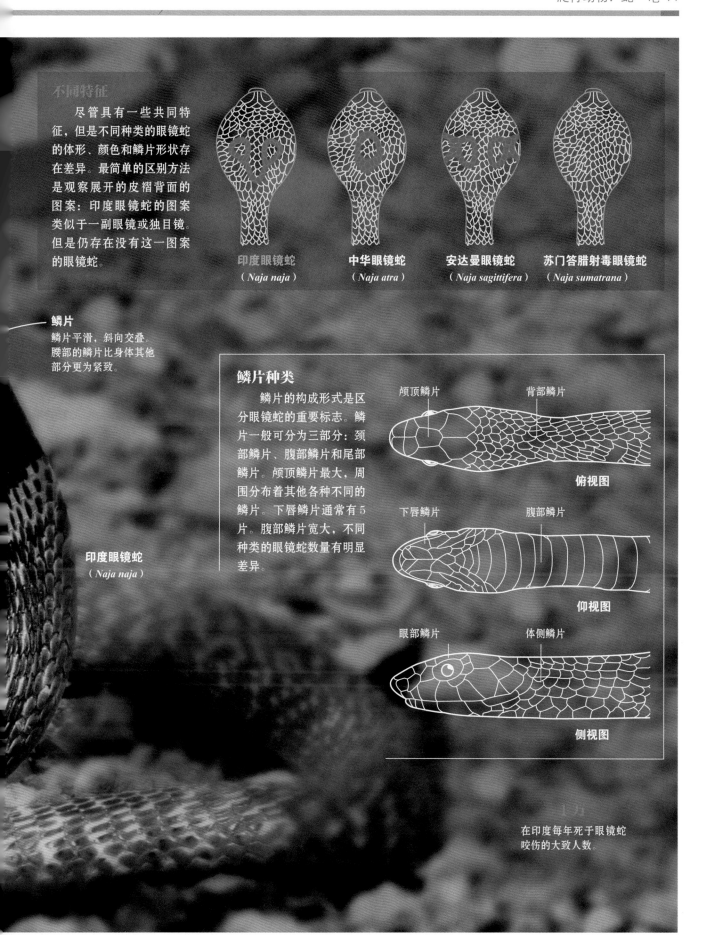

不同特征

尽管具有一些共同特征，但是不同种类的眼镜蛇的体形、颜色和鳞片形状存在差异。最简单的区别方法是观察展开的皮褶背面的图案：印度眼镜蛇的图案类似于一副眼镜或独目镜。但是仍存在没有这一图案的眼镜蛇。

印度眼镜蛇
（*Naja naja*）

中华眼镜蛇
（*Naja atra*）

安达曼眼镜蛇
（*Naja sagittifera*）

苏门答腊射毒眼镜蛇
（*Naja sumatrana*）

鳞片

鳞片平滑，斜向交叠。腰部的鳞片比身体其他部分更为紧致。

印度眼镜蛇
（*Naja naja*）

鳞片种类

鳞片的构成形式是区分眼镜蛇的重要标志。鳞片一般可分为三部分：颈部鳞片、腹部鳞片和尾部鳞片。颅顶鳞片最大，周围分布着其他各种不同的鳞片。下唇鳞片通常有5片。腹部鳞片宽大，不同种类的眼镜蛇数量有明显差异。

颅顶鳞片

背部鳞片

俯视图

下唇鳞片

腹部鳞片

仰视图

眼部鳞片

体侧鳞片

侧视图

在印度每年死于眼镜蛇咬伤的大致人数

蝰蛇

| 门：脊索动物门 |
| 纲：爬行纲 |
| 目：有鳞目 |
| 亚目：蛇亚目 |
| 科：蝰科 |
| 亚科：3 |
| 种：288 |

蝰蛇通过空心而强劲的前毒牙注射毒素。合上嘴巴时，牙齿会缩回上腭，嘴巴张开时，牙齿便展露出来。三角形的头部覆盖着龙骨状的鳞片，瞳孔竖直。其中蝰亚科物种数目最多；其余为响尾蛇，鼻孔和眼睛之间有红外线感知器。

Bitis nasicornis
犀咝蝰

体长：60~90 厘米
保护状况：未评估
分布范围：非洲中部和西部

特殊的鳞片
头部的鳞片像犀角一样向上延伸。

犀咝蝰是地球上最危险的蛇类，对很多人来说也是最美丽的蛇。头部呈扁三角形，与身体其他部位相比，相对较小，鼻孔上面有 2 个或 3 个角和 1 个箭状的黑色斑点。色彩鲜艳，利于隐藏（常与丛林中的绿叶和地面上的枯叶混为一体），可以随环境变化而变色。擅长爬树、游泳，主要以小型哺乳动物为食，夜间觅食，一般会等猎物靠近而不是主动出击，也会吃鱼类和两栖动物。属毒蛇，一旦中了它们的毒，血液循环系统会遭到破坏，引起大出血。但是它们不会随意射毒：生性平和，除了饥饿或受到挑衅时之外，一般不会主动袭击。卵生，一般一次产 6~40 枚卵。

假扮
体色是其容易被猎物忽略的关键。

Agkistrodon contortrix
铜头蝮

体长：50~95 厘米
保护状况：无危
分布范围：美国、墨西哥北部

铜头蝮的头部颜色类似于旧时的铜质硬币，有蝮蛇和蝰蛇特有的小孔，可以依据猎物身体发出的热量将其捕获。身体上布满了沙漏状的棕红色花纹，使它们可以近乎完美地隐藏于周围的环境中。夏季常常躲在石壁、沙砾和倒下的腐朽树干中，冬季与同种类的蝮蛇甚至其他蛇类一起冬眠。卵胎生。成年铜头蝮 90% 的食物为啮齿目动物，但也会捕食蜥蜴、两栖动物、小型鸟类和其他体形偏小的蛇类以及一些昆虫（如毛虫），经常利用自己黄色的尾巴去引诱毛虫。它们很少咬人，但对人类有致命的杀伤力。

Cerastes cerastes

角蝰

体长：30~60 厘米
保护状况：未评估
分布范围：非洲北部、中东地区

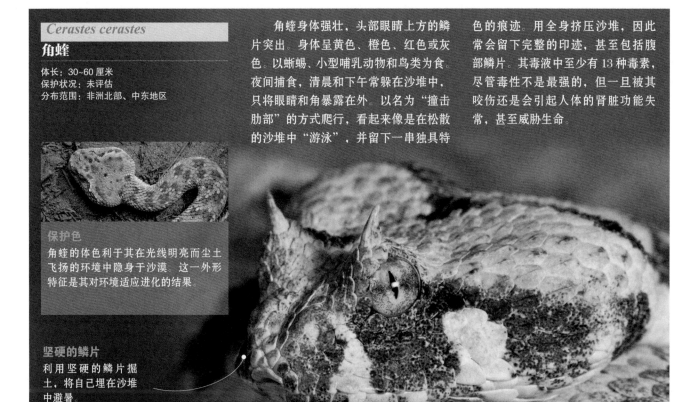

保护色
角蝰的体色利于其在光线明亮而尘土飞扬的环境中隐身于沙漠。这一外形特征是其对环境适应进化的结果。

坚硬的鳞片
利用坚硬的鳞片掘土，将自己埋在沙堆中避暑。

角蝰身体强壮，头部眼睛上方的鳞片突出。身体呈黄色、橙色、红色或灰色。以蜥蜴、小型哺乳动物和鸟类为食。夜间捕食，清晨和下午常躲在沙堆中，只将眼睛和角暴露在外。以名为"撞击肋部"的方式爬行，看起来像是在松散的沙堆中"游泳"，并留下一串独具特色的痕迹。用全身挤压沙堆，因此常会留下完整的印迹，甚至包括腹部鳞片。其毒液中至少有 13 种毒素，尽管毒性不是最强的，但一旦被其咬伤还是会引起人体的肾脏功能失常，甚至威胁生命。

Lachesis muta

南美巨蝮

体长：2~2.5 米
保护状况：未评估
分布范围：南美洲赤道丛林、巴拿马、特立尼达和多巴哥

　　南美巨蝮又名哑响尾蛇或"灌木丛之王"，是美洲最大的毒蛇。

　　头部为宽大的椭圆形，同颈部有明显区别。身体呈黄色或棕色，有钻石状的斑点，尾尖有角质膜。毒牙巨大，一旦被其咬伤非常危险：75% 的案例情况都非常严重，死亡率可达 50%。

Azemiops feae

费亚白头蝰

体长：30~90 厘米
保护状况：未评估
分布范围：中国、越南

皮肤
生活在潮湿地区。若缺少水分，皮肤会变干燥和出现褶皱。

　　19 世纪末，意大利自然学家莱昂纳多·费亚发现了该物种，因此，被命名为费亚白头蝰。是最原始的蝰蛇。擅长隐蔽，大部分时间在裂缝、地道或枯叶中度过。栖居于海拔 600~1500 米的地下水丰富的高山地区。皮肤由蓝色过渡到暗灰色，全身分布着稀疏的橙色带状条纹。下午活动量最大，一般会出去捕食啮齿目动物和鼩鼱。卵生，气候寒冷时会冬眠。

Trimeresurus albolabris
白唇竹叶青

体长：60~81 厘米
保护状况：无危
分布范围：东南亚、中国南部、印度东部

　　白唇竹叶青的头部和背部都呈绿色。名字来源于其近似白色、黄色或淡绿色的唇部。腹部为绿色、黄色或白色。雄性比雌性体形小，腹外侧有细条纹。生活在各种环境中，从山地丛林到低地平原、灌木丛和耕地区都可以发现其踪迹。卵胎生，以鸟类、小爬虫和哺乳动物为食。

Vipera ammodytes
沙蝰

体长：0.5~1 米
保护状况：无危
分布范围：欧洲东南部

　　沙蝰的毒牙相对较长（大于 1.3 厘米），毒液的毒性强。喜栖息于海拔低于 2000 米的植被稀少、干旱多石地区。吻部有"角"，高度可达

特殊的吻部
由 9~17 枚鳞片构成 2 或 4 列斑纹

0.5 厘米，柔软且具有弹性，位置因亚种不同而存在差异。雄性颜色更为鲜明，呈灰色或黑色，而雌性则为棕色。雌雄背部都有一条纹路。白天和夜间都很活跃。以哺乳动物、小型鸟类以及蜥蜴和其他蛇类为食。根据分布范围内的条件，每年冬眠 2~6 个月不等。卵胎生。雌性在 8~10 月分娩 20 只幼蛇。这些幼蛇一般长 14~24 厘米。

Bothriechis schlegelii
许氏棕榈蝮

体长：75 厘米
保护状况：未评估
分布范围：中美洲、南美洲西北部

根据高度
栖息于高海拔地区的许氏棕榈蝮体色一般比生活在低地的更深。

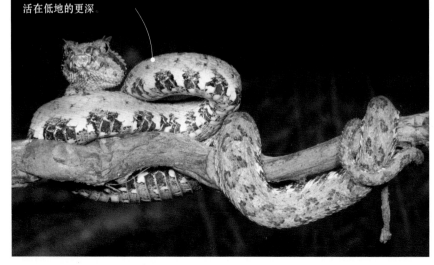

　　许氏棕榈蝮是一种小型蝮蛇，眼睛上部有"角"。颜色多变，每条许氏棕榈蝮都略有不同。雌性一般比雄性长。与其他毒蛇一样，头部呈三角形，瞳孔直立。生活在海拔 2600 米的湿润茂密丛林中。树栖性，一般在夜间活动，以从树上捕获的啮齿目动物、蛙类、游蛇和小型鸟类为食。卵胎生。雌性一次可产 10~12 只幼蛇。

Sistrurus miliarius
侏儒响尾蛇

体长：40~80 厘米
保护状况：无危
分布范围：美国东南部

　　侏儒响尾蛇栖居于各种不同的环境中，从大型牧场、平原、草木丰富的湿地到松林和靠近水域的灌木丛都可以看到它们的踪迹。陆栖性，喜湿润的栖息环境。擅长游泳，极少爬树。食物包括小型哺乳动物、鸟类、小爬虫、昆虫、蛙类以及其他蛇类。背部有 23 个细小的鳞片。腰部和体侧有近乎正圆的斑点，利用其他物种的洞穴休息和自我保护。

Crotalus adamanteus
东部菱背响尾蛇

体长：0.84~2.51 米
保护状况：无危
分布范围：美国东南部

强大的毒液
尽管攻击性不强，但是东部菱背响尾蛇被认为是北美洲最危险的蛇类之一，因为它们的毒液毒性非常强大。

东部菱背响尾蛇是最大的响尾蛇。可以生活在不同的环境中：干燥的高山松树林，棕榈平原，松树、橡树、枥树混合林，沙丘，海岸，沿海丛林，各种湿地以及旱季时湿润的大牧场。皮肤呈棕色，也有些呈黄色、灰色或橄榄色。在基础体色上，有中间颜色相对较淡的深棕色或黑色斑点。这些钻石状斑点的数目一般为 24~35 个。每个斑点周围都有一条鲜艳的奶油色或黄色纹路。腰部下侧的斑点呈现不同的样子，到了尾部这些斑点变成了带状。腹部为黄色或奶油色，侧面有小斑点。头部有暗色带状眼线，边缘为浅色条纹。

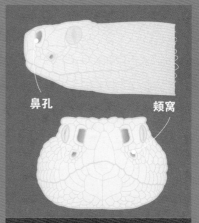

鼻孔　　　　　　　颊窝

知觉
颊窝参与了响尾蛇对温度的探测工作：响尾蛇和其他种类的蛇通过这种方式可以准确地定位周围的热血猎物，即使是在黑夜也不受影响。

皮肤特征
背部一半的鳞片构成了很多边缘呈黑色的钻石图案。

条纹状的面部
眼圈后部的带状条纹呈黑色，边缘为浅色。

图书在版编目（CIP）数据

国家地理动物百科全书. 爬行动物. 蛇·龟 / 西班牙 Sol90 出版公司著；董青青译. -- 太原：山西人民出版社, 2023.3
ISBN 978-7-203-12496-2

Ⅰ.①国… Ⅱ.①西… ②董… Ⅲ.①爬行纲—青少年读物 Ⅳ.① Q95-49
中国版本图书馆 CIP 数据核字 (2022) 第 244669 号

著作权合同登记图字：04-2019-002

国家地理动物百科全书 . 爬行动物 . 蛇·龟

著　　者：西班牙 Sol90 出版公司
译　　者：董青青
责任编辑：李　鑫
复　　审：崔人杰
终　　审：贺　权
装帧设计：吕宜昌

出 版 者：山西出版传媒集团·山西人民出版社
地　　址：太原市建设南路 21 号
邮　　编：030012
发行营销：0351-4922220　4955996　4956039　4922127（传真）
天猫官网：https://sxrmcbs.tmall.com　电话：0351-4922159
E-mail：sxskcb@163.com 发行部
　　　　 sxskcb@126.com 总编室
网　　址：www.sxskcb.com

经 销 者：山西出版传媒集团·山西人民出版社
承 印 厂：北京永诚印刷有限公司

开　　本：889mm×1194mm　1/16
印　　张：5
字　　数：217 千字
版　　次：2023 年 3 月　第 1 版
印　　次：2023 年 3 月　第 1 次印刷
书　　号：ISBN 978-7-203-12496-2
定　　价：42.00 元

如有印装质量问题请与本社联系调换